中华经典生活美学丛书

《茶经》之中国茶道

顾作义　魏琪敏　编著

暨南大学出版社
JINAN UNIVERSITY PRESS

中国·广州

图书在版编目（CIP）数据

《茶经》之中国茶道 / 顾作义，魏琪敏编著.

广州：暨南大学出版社，2025.5. --（中华经典生活美学丛书）. -- ISBN 978-7-5668-4120-9

Ⅰ. TS971.21

中国国家版本馆 CIP 数据核字第 2025XP1972 号

《茶经》之中国茶道
《CHAJING》ZHI ZHONGGUO CHADAO
编著者：顾作义　魏琪敏
···

出 版 人：阳　翼
策划编辑：周玉宏　黄　球
责任编辑：周玉宏　刘雅颖
责任校对：刘舜怡　杨柳牧菁
责任印制：周一丹　郑玉婷

出版发行：暨南大学出版社（511434）
电　　话：总编室（8620）31105261
　　　　　营销部（8620）37331682　37331689
传　　真：（8620）31105289（办公室）　37331684（营销部）
网　　址：http://www.jnupress.com
排　　版：广州良弓广告有限公司
印　　刷：广东信源文化科技有限公司
开　　本：890mm×1240mm　1/32
印　　张：6
字　　数：90 千
版　　次：2025 年 5 月第 1 版
印　　次：2025 年 5 月第 1 次
定　　价：68.00 元

（暨大版图书如有印装质量问题，请与出版社总编室联系调换）

总　序

　　俗话说："爱美之心，人皆有之。"在物质生活得到满足以后，人们开始追求美好的、幸福的生活。在中国传统美学的滋养下，中国人的生活方式处处呈现美，在体验美、创造美的历程中，也逐渐形成了独特的生活美学。

　　生活美学是一种具有审美情趣的生活哲学，是追寻美好生活的幸福之学，也是追求身心健康的生命之学。生活美学植根于生活的沃土，每个人首先是求"生"，然后再求"活"。"生"本为生长、成长以及生命的生生不息，终极则为蓬勃的生命力，其根基是"生存"。"活"则是生命的状态、生活的质量，是指活力、快乐和情趣，最终指向人生的价值和生命的质量。要过上"好的生活"和"美的生活"，涉及生活美学的三个维度：一是从"俗"的生活上升到艺术的境界，变成"雅"的生活；二是从满足生存的需要上升到精神的享受；三是从追求经济价值转化为追求情感价值与文化价值。由是，美学家认为生活美学是衡量社会发展的标杆和尺度之一。

中国的先贤善于从生活的各个层面去发现、品味生活之美，享受生活之乐，他们运用中华文化的智慧，创造了活色生香、富有情趣的生活美学。这从中国古代典籍中也可窥见，如袁枚的《随园食单》、陆羽的《茶经》、窦苹的《酒谱》、陈敬的《陈氏香谱》、张谦德的《瓶花谱》、袁宏道的《瓶史》，即是对中国生活美学的精辟总结，给我们展示了一幅幅美好、优雅的生活图景。"一瓯春露香能永，万里清风意已便。"今人常叹现代生活被机械程式消解了诗意，却不知先贤早已在寻常的生活中镌刻着生命的韵律。袁枚在《随园食单》中记录的不仅是三百余道佳肴，更是一幅以舌尖为笔、以烟火为墨的审美长卷。他教人辨别"清者配清，浓者配浓"的调和之道，恰如文人作画的墨色层次。陆羽笔下的《茶经》，从炙茶时"持以逼火"的专注，到分茶时"焕如积雪"的观照，处处彰显着日常仪式中的艺术自觉。窦苹《酒谱》中的"蒲桃、九酝"，在陶瓷中酝酿的不仅是醇香，更是时间与空间交织的哲学。陈敬在《陈氏香谱》中介绍了八十种香品以及闻香、配香的方法，不但让人闻香通窍，而且让饮食更加美味，使人精神更加清爽，把典雅的香文化融入人们的生活。张谦德、袁宏道在《瓶花谱》《瓶史》中，告诉我们品花、插花要讲究色、香、味、形、韵，也引导我们在花开花谢中感悟生命中的四季更替，追求生活中的灿烂和希望。这些典籍告诉我们：生活之美不在蓬莱仙境，而在杯盘碗盏间，在流淌的时光里，可谓人间烟火皆成韵。

中国生活美学如织锦般呈现出四重维度：其经线为道、器、术、法之统合，纬线乃精神、价值、情趣、艺术之交融。袁枚在《随园食单》中提炼出"饮和食德"的审美精神，可以称为饮食之道的要义，同时，他又详尽地介绍了选材、洗涮、刀工、火候等厨艺。窦苹在《酒谱》中把"温克""诚失"作为饮酒的最高境界。"温克"追求的是身心和谐、人际和美，讲究的是适量、适度、适境；"诚失"揭示的是酒品如人品，要力求温文尔雅，以健康为重。陈敬《陈氏香谱》中记载的"四合香"，以沉香为君，檀香为臣，佐以龙脑、麝香，恰似审美精神中主次有序的哲学架构。张谦德《瓶花谱》强调"春冬用铜，秋夏用磁"，这不仅是择器的智慧，更是对器物与时空对话的深刻理解。袁宏道在《瓶史》中提出的"花快意凡十四条"，将插花升华为心灵与自然的唱和艺术。这些经典共同诠释着道不离器的实践智慧，术不违法的创造法则。法不悖艺的审美升华，精神引领生命的价值追求，情趣不碍实用的生活哲学。

中华经典生活美学跨越时空，映照今朝，魅力无穷。现代茶室中，人们仍遵循《茶经》"三沸辨沫"的古法；酒楼食肆里，《随园食单》的"戒耳餐"理念成为美食评判准则。这印证着经典美学超越时空的生命力。

"中华经典生活美学丛书"撷取中华文明五大门类的六部生活美学经典,如同开启五扇雕花轩窗,用"四维解读法"重审典籍,从《随园食单》感悟如何吃出美味,吃出健康;从《茶经》感知人与器如何在茶烟轻扬时达成天人合一;从《酒谱》看审美精神如何在觥筹交错间铸就文化品格;从《陈氏香谱》悟价值体系如何在氤氲之气中构建精神秩序;从《瓶花谱》《瓶史》观察生活情趣如何在枝叶扶疏处涵养生命境界。这种解读不是简单的复古,而是让传统智慧在当代语境中焕发新生。

学习、普及、研究中华经典美学,追求的是生活的诗意栖居。我们可依照《随园食单》研制"素火腿",在豆制品中追寻山珍的韵味;我们可模仿《茶经》复原唐代煮茶法,让风炉炭火映亮都市夜空;我们可从《酒谱》"强身之饮"中得到启发,以中药为君,以美酒为使,调制出养生之饮;我们可活用《陈氏香谱》"香事九品"的品鉴体系,构建当代嗅觉美学的认知框架;我们可效法《瓶史》

"花目十二客"的拟人化审美，为现代居室陈设注入人格化情趣。这些实践印证着：经典生活美学的现代转化，关键在于把握"器以载道"同"与时俱进"的平衡。这种创造性转化，使古典美学成为照亮现代生活的北斗。

"中华经典生活美学丛书"共五册，包括《〈随园食单〉之中国味道》《〈茶经〉之中国茶道》《〈酒谱〉之中国酒道》《〈陈氏香谱〉之中国香道》《〈瓶花谱〉〈瓶史〉之中国花道》。如今，提升审美已经成为追求高品质生活的标志，成为民众共享文化艺术盛宴的一种"社会福利"。这套丛书犹如五枚棱镜，将中国古老的智慧折射成七彩的生活乐谱。愿读者在饮食、煮茶、品酒、闻香、插花中重识东方美学的真味，找回中国人的生活美学，让每一个平凡的日子都谱写成诗篇，弘扬中华美学精神，过上有滋味、有品位、有趣味的生活！

作者于广州

2025 年 1 月

目 录

001　总　序

001　绪　论

025　第一讲　"茶圣"：陆羽的传奇人生与
　　　　　　《茶经》
　　026　一、"茶圣"陆羽的传奇人生
　　036　二、《茶经》的主要内容
　　038　三、《茶经》中唐朝茶事所用器具
　　043　四、《茶经》的主要贡献和现代价值

055　第二讲　茶名："茶，南方之嘉木"
　　059　一、"茶"字表达了"茶"这一木本植物
　　　　　　的特征
　　062　二、"茶"字体现了其木本植物的药用功能

065 三、"茶"字揭示了"物我一体"的人文
      精神

069 **第三讲　茶德："天地人和"**
078 一、茶质：讲求种、采、制的和谐统一
083 二、煮茶：茶、器、水的和谐统一
110 三、品茶：养生、养德、养心的和谐统一

119 **第四讲　茶礼："精行俭德"**
121 一、茶礼的宗旨：传情
126 二、茶礼的神态：恭敬
130 三、茶礼的表现：仪态

133 **第五讲　茶艺："精致雅美"**
136 一、茶的技艺：精妙
139 二、茶的艺术：雅趣
168 三、茶的境界：审美

176 **结　语**

179 **参考文献**

绪

论

中国是茶叶的故乡，是世界上最早种茶、制茶、饮茶的文明古国。据有关茶专家的考证，相传在四千七百年前的神农氏时代，我们的祖先就已经发现了茶的药用价值，在"神农尝百草"之说中，茶是"百草"

▼（唐）周昉《调琴啜茗图卷》

之一。经过漫长的历史发展，茶逐渐演化为人们日常生活中的饮料，走进寻常百姓家，这就是人们通常所说的"开门七件事"（柴、米、油、盐、酱、醋、茶）。后来，文人雅士为饮茶注入了文化艺术元素，使其成为文人"四大雅事"（挂画、品茗、闻香、插花）和"生活七件宝"（琴、棋、书、画、诗、酒、花）之一。

清代诗人查为仁在《莲坡诗话》中记载了湖南人张璪的一首七言绝句：

书画琴棋诗酒花，当年件件不离它。

而今七事都更变，柴米油盐酱醋茶。

　　"书、画、琴、棋、诗、酒、花"和"挂画、品茗、闻香、插花"都是大雅之事，当年文人雅士乐在其中，何其风流潇洒，而今它走进了寻常百姓家，既雅也俗，雅俗共存。不管是雅，还是俗；不管是普通百姓，还是文人雅士，生活中都有"茶"，可见，"茶"与人们的日常生活息息相关。

　　饱食之后，一杯清茶，荡涤肠胃，全身舒畅，神清气爽；闲暇之时，一杯清茶、一本好书，静静地阅读，享受心灵的恬淡和安静；有朋自远方来，煎茶迎客，一杯清茶，共叙友情，其乐融融；三五知己小聚，一壶清茶，谈天说地，海阔天空。茶已经成为寻常百姓家生活的一部分。《旧唐书·珏传》中记载："茶为食物，无异米盐，于人所资，远近同俗。既祛竭乏，难舍斯须。田闾之间，嗜好尤甚。"宋代王安石在《议茶法》中说："夫茶之为民用，等于米盐，不可一日以无。"

　　茶作为世界三大无酒精类饮料之一，广受人们的喜爱。据调查，目前全球产茶的国家和地区达60多个，超过20亿人喜欢饮茶。为推动全球茶产业的持续健康发展，促进茶文化交融互鉴，让更多的人知茶、爱茶，共品茶香茶韵，2019年11月27日，联合国第74届大会通过决议，将每年的5月21日设为"国际茶日"。2022年11月29日，中国申报的"中国传统制茶技艺及其相关习俗"，成功列入联合国教科文组织发布的《人类非物质文化遗产代表作名录》，这标志着茶文化不但是中国文化遗产，也是世界共同的文化财富。中国茶承载着中华优秀传统文化，承载着中国几千年的文明发展史，也承载着中国人的自然精神、家国情怀和礼乐品格。

中国是产茶大国，也是茶叶消费大国。在中国，数百种茶树分布在秦岭淮河以南，形成了江南、江北、西南和华南四大茶区。这些茶区根据当地的土质、气候，运用不同的技艺，发展出绿茶、黄茶、黑茶、白茶、红茶、青茶（乌龙茶）六大茶类以及花茶等再加工茶，总计2000多种茶品。

绿茶

黄茶

黑茶

白茶

红茶

青茶
（乌龙茶）

中国六大茶类

　　中国是茶的故乡，也是茶文化的发源地和传播中心。中国茶承载了中华优秀传统文化，承载着几千年的文明发展史。据考证，中国人饮茶的历史已有四千多年。《神农本草经》记载："神农尝百草，日遇七十二毒，得荼而解之。"神农误食毒草，吃了茶叶以后得以解毒，神农把解毒的植物（茶叶）取名为"荼"。神农就是炎帝，是中华民族的祖先之一，也是茶的最早发现者。唐代陆羽在《茶经》中说："茶之为饮，发乎神农氏，闻于鲁周公。"

（明）王问《煮茶图》（局部）

茶叶在唐代日益兴盛，茶业遍及东西南北，茶类品名异彩纷呈。唐代政府开始正式建立茶政、征求茶税，乃至于茶产业成了中晚唐时期经济贸易的重要一环。特别是陆羽《茶经》一书的出现，使得饮茶的内容和品位大为丰富和提高，饮茶从物质生活领域拓展到精神文化领域。在唐代，茶叶的品饮以煎茶为主，日本僧人最澄从中国带茶籽回国，将茶叶传播到日本，中国茶道自此开始走向了世界。

（清）佚名《柳荫斗茶图》

到了宋代，产茶重心开始南移，闽南、岭南一带成为茶叶产地。宋代的品茶以"点茶"和"斗茶"为主。宋大观元年（1107），宋徽宗赵佶撰写《大观茶论》，成为中国历史上第一位论述茶学、倡导茶文化的皇帝。他认为茶的芬芳气味，能使人平和宁静、趣味无穷。"至若茶之为物，擅瓯闽之秀气，钟山川之灵禀，祛襟涤滞，致清导和，则非庸人孺子之可得而知矣；冲淡闲洁，韵高致静。"他把饮茶从生活上升到艺术、审美和修道的高度。

（宋）刘松年《撵茶图》（局部）

（宋）刘松年《茗园赌市图》（局部）

明朝的开国皇帝朱元璋体恤百姓疾苦，于明洪武二十四年（1391）颁发诏令："罢造龙团，惟采芽茶以进。"这不仅取消了劳民伤财的龙团凤饼，茶叶采制由饼茶转化为以散茶为主，茶叶炒制技术也进入了新阶段。茶叶制作工艺的重大发展，是发明了炒青和烘焙技艺，茶及茶事活动由贵族士大夫阶层逐渐走进寻常百姓家。

到了清朝，茶已成为人们日常生活中不可或缺的饮品。这时的茶叶种类日趋多样化，有绿茶、黄茶、黑茶、白茶、红茶、青茶（乌龙茶）、花茶等茶系。

（明）文徵明《浒溪草堂》（局部，品茶）

饮茶方式也由煎茶渐变为泡茶。茶器也发生了变化，由大变小，由茶碗变为茶杯。与此同时，茶叶开始向荷兰、英国等国家出口，茶叶与陶瓷、丝绸一并成为中国三大出口商品，中国茶叶正式进入欧洲市场。

伴随着漫长的历史发展过程，品茶作为人们的一种生活方式，逐步形成一套独特的，融精神、礼仪、沏泡技艺为一体的茶道样式。如果说中华文明是一条浩浩荡荡的万里长河，那么，茶文化则是这条长河中明净而意韵绵长的一条支流。

（清）姚文瀚《卖浆图》

今天，茶已被国人称为"国饮"。茶道艺术成为我国传统文化艺术的载体之一。茶被人们视为生活的享受，保持健康的良药，提神的饮料，友谊的媒介，文明的象征，修心的法宝。中国人为什么爱茶？是因为喝茶有益，喝茶有礼，喝茶有情，喝茶有艺，喝茶有道。

（明）蓝瑛《煎茶图》（局部）

具有"食在广东"之美誉的广东省，种茶、制茶、卖茶、品茶的历史悠久，创造了独树一帜的茶文化，有着鲜明的岭南地域特色：

第一，广东产茶历史悠久。广东产茶的历史有几千年之久，屈大均写的《广东新语》专门有一篇记载，介绍了广东产茶的地区和品种，如广东西樵山、鼎湖山、罗浮山、丹霞山等山，均为茶叶的产地。其中说道："曹溪茶气味清甜，岁凡四采，采于清明、寒露者佳。""乐昌有白毛茶，茶叶微有白毛，其味清凉。潮阳有凤山茶，可以清膈消暑，亦名黄茶。"文中还记载了一首赞美罗浮山泉水的诗："活水仍将活火煎，《茶经》妙处莫虚传。陆颠所在闲题品，未试罗浮第一泉。"文中还记录了客家人擂茶的制作方法："东莞以芝麻、薯油杂茶叶为汁，煮之，名研茶。谓能去风湿，解除食积，可以疗饥云。"从这个记载看，广东茶产地遍布珠三角和粤东西北，茶的品种有绿茶、红茶、白茶、黄茶、乌龙茶等，近几年更是出现了许多新的品种，呈现了蓬勃发展的局面。

第二，广东是茶叶交易的集散地。广州有数个茶叶市场，汇集了全国多地茶叶产品，交易活跃。在古代广东也是茶叶出口的口岸，茶叶是海上丝绸之路对外贸易的主要产品之一。广东伴随着茶叶经贸活动的开展，成为中西茶文化交流的基地和窗口。

人类非物质文化遗产——潮州工夫茶

第三，**广东是茶叶的最大消费省**。广东人口居全国之首，同时也是茶叶消费的大省。广东人喜欢喝茶，"一盅两件"喝早茶成为不少市民的生活习惯，尤其是潮汕地区，饮茶更是城乡的一大景观。走进潮汕的大街小巷、庭院厅堂，随处可见主人摆出精致的茶具，烧水泡茶，高冲低斟，品茶聊天，其乐融融，这就是享誉中外的潮州工夫茶。清代翁辉东在《潮州茶经·工夫茶》里，对饮工夫茶有过描绘：洒茶既毕，乘热人各一杯饮之。杯缘接唇，杯面迎鼻，香味齐到，一啜而尽，三嗅其杯。翁辉东形象生动地描述了饮工夫茶时的礼仪和品茶的方法，对潮汕人而言，可以说是"人人都喜欢喝茶"。潮汕人把茶叶叫作"茶米"，意思是说茶和米一样是必备的生活资料。

第四，广东是率先创立茶艺的省份。潮州工夫茶别称潮汕工夫茶，是流传于广东省潮汕地区的一种传统饮茶习俗。潮州工夫茶艺的历史可以追溯到宋代，并在明代达到鼎盛。它不仅是一种饮茶方式，更是精神、礼仪、沏泡技艺和品评质量的综合体现。潮州工夫茶艺是中国茶道的代表，是"潮人习尚风雅，举措高超"的象征。潮州工夫茶首创了二十多道泡茶茶艺的标准，把喝茶从生活层面上升到艺术层面、审美层面。清代诗人丘逢甲曾诗咏工夫茶："曲院春风啜茗天，竹炉榄炭手亲煎。小砂壶沦新鹧嘴，来试湖山处女泉。"潮州工夫茶艺以其精致考究和文雅而闻名，2008 年被列入《国家级非物质文化遗产名录》，2022 年作为"中国传统制茶技艺及其相关习俗"的重要组成部分，被联合国教科文组织列入《人类非物质文化遗产代表作名录》。

中国人在漫长的饮茶生活中，探索、积累和总结了中国茶道。"茶道"一词，最早见于唐代封演编撰的《封氏闻见记》："茶道大行，王公朝士无不饮者。"茶道，始自于唐代，光大于宋代，肇极于明清。那么，什么是茶道？看法很多，见仁见智，莫衷一是。

茶学家庄晚芳先生说，茶道是一种人民通过饮茶的方式进行礼法教育、道德修养的仪式。他认为中国茶道的基本精神是"廉、美、和、敬"，他把中国茶道看作教化之道。

著名农学家吴觉农先生认为，茶道把茶视为珍贵、高尚的饮料，因茶是一种精神上的享受，是一种艺术，是一种修身养性的手段。他把茶道作为养生之道、艺术之道、修养之道。

国家级非遗潮州工夫茶文化传承人陈香白先生则

把茶道扩展到更广的范围，并概括为"七艺一心"。"七艺"即"茶艺、茶德、茶礼、茶理、茶情、茶学说、茶道引导"，"一心"即茶道的核心精神"和"。他认为茶道就是通过茗茶的过程，引导个体在美的享受过程中完成品格修养，以实现全人类和谐安乐之道。

现代人的茶事生活

周作人先生则认为茶道即生活，不可把茶道讲得过于玄妙，他说："茶道用平常的话来说，可以称作为忙里偷闲，苦中作乐，在不完全现实中享受一点美与和谐，在刹那间体会永久。"他将茶道作为生活享受之道。

日本的《广辞苑》中说："茶道是以茶汤修养精神、探究交际礼法之道。"这是把茶道当作礼仪之道。

也有人说，茶道就是品尝茶的美感之道。饮茶人通过沏茶、赏茶、闻茶、饮茶，增进友谊，学习礼法，领略传统美德，并以此静心、静神、陶冶情操、去除杂念，是很有益于身心修养的一种仪式。

现代人的茶事生活

还有人说，千年茶道最精微、高妙的精髓是"尘心洗尽兴难尽"，这就是把那些扰乱心绪、桎梏自由的世俗功利目的涤荡干净，享受生活的乐趣，这些人把茶道当作修心之道、生命之道，体验茶之美，妙悟道之境。

可见，对"道"的理解不一样，对"茶道"的理解也有差别。儒家认为"率性之谓道"，道家认为"道法自然"，佛家认为"道由心悟"。但我们也不要把"道"看成虚无缥缈的东西。我认为中国茶道主要体现在三个方面：一是具有中国特色的，即体现了中国的文化精神、文化传统和文化样式，与日本、韩国等其他国家的茶道既有相通的地方，也有所差别；二是茶之"道"，不是"器""术"，是规律、法则，是价值观、人生观、科学观、艺术观、道德观、审美观；三是茶道是以茶载道、以茶修道、以茶得道、以茶行道，是一种关于泡茶、品茶和悟茶的艺术，也是一种健康养生、修身养性、友人怡情、求雅审美的方式。因此，中国茶道可以概括为茶之神、茶之德、茶之礼、茶之艺，是天道、地道与人道的统一，是人们以茶作为依据的自然之道、健康之道、修心之道、艺术之道、人文之道。

　　《红楼梦》中也多次用细腻的笔触，描述了"茶与人品""人品与茶具""以茶待人""以茶赠礼"等茶事活动。据著名红学家周汝昌先生研究考证，《红楼梦》全书写到"茶道"的地方多达 279 处、"咏茶道"诗词楹联 23 处，与"茶"相关字词出现频率高达 1520 次，内容涉及茶名、茶具、茶水、茶食、茶俗、茶礼、茶诗等。有民谚说："读了水浒思饮酒，读了红楼想喝茶。"《红楼梦》中的主要人物，上至老祖宗贾母，下至宝黛凤钗等人，几乎全都嗜茶。

饮茶礼仪

《红楼梦》第六十二回"憨湘云醉眠芍药裀　呆香菱情解石榴裙"有一段"茶事"的描写：

宝玉正欲走时，只见袭人走来，手内捧着一个小连环洋漆茶盘，里面可式放着两钟新茶，因问："他往那去了？我见你两个半日没吃茶，巴巴的倒了两钟来，他又走了。"宝玉道："那不是他？你给他送去。"说着自拿了一钟。袭人便送了那钟去，偏和宝钗在一处，只得一钟茶，便说："那位渴了那位先接了，我再倒去。"宝钗笑道："我却不渴，只要一口漱一漱就够了。"说着先拿起来喝了一口，剩下半杯递在黛玉手内。袭人笑说："我再倒去。"黛玉笑道："你知道我这病，大夫不许我多吃茶，这半钟尽够了，难为你想的到。"说毕，饮干，将杯放下。

从这段描述中，可以看到富贵人家对饮茶的考究，茶盘是"小连环洋漆"的，茶不但可以用来喝，也可以用来漱口。可见，茶与生活息息相关。

唐人陆羽积一生之经验，写出了《茶经》一书，这是中国乃至世界现存最早、最完整、最全面介绍茶事的一部专著，也是一部系统阐述中国茶道的专著，被誉为茶叶百科全书。

陈师道在《茶经》序里写道："夫茶之著书自羽始，其用于世亦自羽始，羽诚有功于茶者也。"

与陆羽有忘年交的诗僧释皎然在《饮茶歌诮崔石使君》中写道："一饮涤昏寐，情来朗爽满天地。再饮清我神，忽如飞雨洒轻尘。三饮便得道，何须苦心破烦恼。此物清高世莫知，世人饮酒多自欺。愁看毕卓瓮间夜，笑向陶潜篱下时。崔侯啜之意不已，狂歌一曲惊人耳。孰知茶道全尔真，唯有丹丘得如此。"在一首诗中两次提到了"茶道"。此后，唐代封演在《封氏闻见记》"饮茶"一章中又写道："有常伯熊者，又因鸿渐之论广润色之。于是，茶道大行。"从上述文献可知：《茶经》确立了茶道的表现形式与富有哲理的茶道精神；而释皎然和封演赋予了"茶道"名称。

陆羽的《茶经》不但从科学的角度介绍了茶叶的种植、制作、选茶、择水、配器，而且从文化的角度讲述了如何煮茶、品味，揭示了茶的精神实质、道德品格、礼仪规范和审美范式，是了解中国茶道必读的一部经典。

在《茶经》及后世的诸多茶学著作和茶事活动中，均提到了"煮茶法"及茶事活动盛况，本书列出了一些代表性画作，虽然主题有的并非茶，但是侧面展现了古今的饮茶方式。画卷中人物或煮茶，或酌茶，或品茶，或为介绍茶器，意趣盎然。

由于潮州工夫茶在茶道中最为考究和精致，最具代表性，为此，本书以陆羽《茶经》为范本，结合《红楼梦》中对中国茶道的描述和潮州工夫茶的相关介绍，不但从科学的角度介绍茶叶的种植、制作、选茶、择水、配器，而且从文化的角度讲述了如何煮茶、品味，揭示了茶的精神实质、道德品格、礼仪规范和审美范式，对中国茶道的精神、品质、礼俗、技艺作出了较好的诠释。

第一讲

『茶圣』：陆羽的传奇人生与《茶经》

讲《茶经》与中国茶道，首先要了解《茶经》的作者、《茶经》的内容及现代价值。

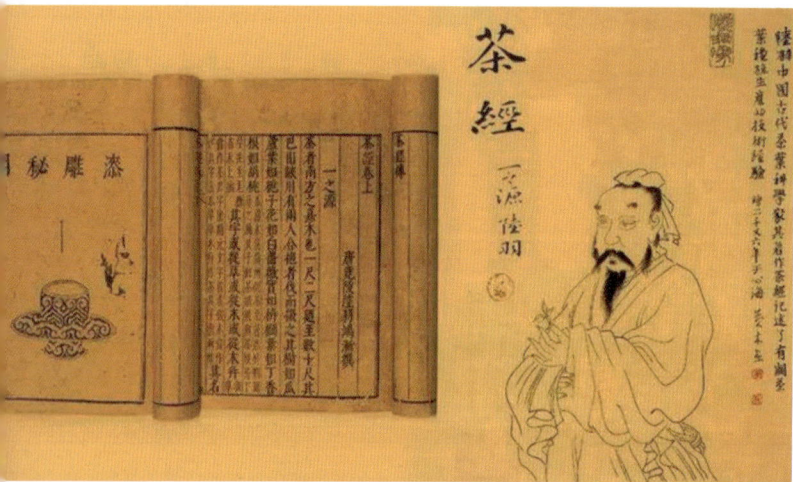

陆羽与《茶经》

一、"茶圣"陆羽的传奇人生

陆羽（733—804年），字鸿渐，又字季疵，唐代复州竟陵（今湖北天门市）人。

陆羽成为"茶圣"，与他的传奇人生是分不开的。

他的人生可以用三个短语来概括：苦难的童年，研学的青年、中年，隐逸的晚年。

（一）苦难的童年

陆羽是个弃儿。据陆羽的《陆文学自传》记载，陆羽称自己不知所生，三岁时被遗弃野外，唐开元二十一年（733）被竟陵龙盖寺住持智积禅师收养于寺。智积禅师抱回陆羽后，他用《易经》算了一卦，得渐卦，卦辞上九曰："鸿渐于陆，其羽可用为仪，吉。"意思是说，大雁经过"渐"的过程，羽翼丰满，可以展翅高飞了。它展开翅膀，羽毛是那样美丽、吉祥。于是，禅师按卦辞给他取姓为"陆"，取名为"羽"，字鸿渐。这是陆羽姓名的来历。

智积禅师喜欢饮茶，深谙煮茶之道。陆羽耳濡目染，七八岁时，已能煮出一手好茶。九岁时，师父智积

陆羽

想让他学佛，"示以佛书出世之业"。但陆羽也许与"佛"无缘，一心向往儒学，智积屡教不从，因而就用繁重的"贱务"磨炼他，罚他"扫寺地，洁僧厕，践泥污墙，负瓦施屋，牧牛一百二十蹄"，希望他能回头悔悟。但陆羽并没有屈服，反而被激起了强烈的求知欲望，他无纸学字，便以竹划牛背为书，一边干活一边默诵所学。

十二岁那年，陆羽不堪重活，逃寺而去，在当地一个戏班学唱戏，以演戏为生，展现了他的表演天赋，他表演的角色幽默机智，扮演丑角尤其成功。唐天宝五年（746），竟陵太守李齐物观看了陆羽的演出，十分欣赏陆羽的表演才华，推荐他到隐居于火门山的邹夫子那里学习，接受系统的中国文化教育。唐天宝十一年（752），陆羽学成回到了竟陵，步入了人生的青年阶段。

（二）研学的青年、中年

从此以后，陆羽与茶结下了不解之缘，痴迷于茶道的研学。他远游巴山峡川，采茶品水，逢山驻马采茶，遇泉下鞍品水，进入了研学的青年、中年阶段。

一个人的人生际遇往往与自己所遇见的人相关。青年的陆羽与被贬竟陵的崔国辅因茶而结缘，《唐才子传》中说，他曾与崔国辅"游处凡三年"。崔国辅是当时有名的诗人，他与陆羽都有共同的嗜好——饮茶。两人结伴出游三年，品茶论水，诗词唱和，其乐无穷。

唐天宝十四年（755）发生了"安史之乱"，大批北方人南迁以避战祸，陆羽随着大批难民迁徙，同时也开始了他"寻遍天下好茶"之旅。考察了各地茶树的历史、品种、质量和分布后，他描绘了一幅茶叶产地之优劣图，《茶经》中记载了与此相关的内容。《茶经·一之源》曰："其地，上者生烂石，中者生砾壤，下者生黄土。艺而不实，植而罕茂，法如种瓜。三岁可采。野者上，园者次。阳崖阴林，紫者上，绿者次；笋者上，芽者次；叶卷上，叶舒次。阴山坡谷者，不堪采掇，性凝滞，结瘕疾。"这段话有三层意思：一是茶的质量与土壤有很大的关系。上等茶（如岩茶）生长在山石间积聚的土壤中，这类土质含丰富的微量元素，被茶树吸收，质量上乘；中等茶生长在砂质土壤中；下等茶生长在黄泥土中。二是茶的种植方法正确与否关系到茶树的好坏。大凡种茶时，如果用种子播植却不踩踏结实，或是用移栽的方法栽种，很少能生长茂盛的。种茶应该用种瓜法，一般种植三年后，就可以采摘。三是指出了茶叶好坏的评判标准。野生茶叶的品质好，田园里人工种植的次之。向阳山坡有林木遮阴的茶树，茶叶紫色的好，绿色的差；茶叶肥壮如笋的好，新芽展开如牙板的差；芽叶边缘反卷的好，叶缘完全平展的差。生长在背阴的山坡或谷地的茶树，不可采摘，因为它的性质凝滞，喝了会使人腹中结块。

唐上元元年（760），陆羽游学到了浙江湖州。他在路过杼山妙喜寺时，进入寺内歇息讨杯茶喝，刚啜一口，满口清香，他不由赞叹："好茶，好茶!"

陆羽问："这是谁煮的茶?"

僧人回答："皎然师傅。"

皎然禅师既是名僧、诗人，又是茶僧。陆羽、皎然大师两人一见如故，遂结为忘年之交。于是，陆羽在妙喜寺住了下来，他教皎然大师种茶、养茶、识茶，皎然大师教他烤茶、制茶、煮茶、品茶。皎然写诗记录了他们在杼山妙喜寺品茶赏菊，乐在其中的场面。皎然《九日与陆处士羽饮茶》诗云："九日山僧院，东篱菊也黄。俗人多泛酒，谁解助茶香。"

（明）赵原《陆羽烹茶图》（局部）

在妙喜寺的两年里，陆羽总结了"采、蒸、捣、拍、焙、穿、封"制茶的七道工序，收获了煮茶的秘诀。

（清）金农《玉川先生煎茶图》

　　唐代宗大历二年至大历三年（767—768）间，陆羽遍访名山大川，考察研究煮茶之水的优劣。陆羽在《茶经·五之煮》中说："其水，用山水上，江水中，井水下。"他把山水的等级做了区分，"其山水，拣乳泉，石池漫流者上；其瀑涌湍漱，勿食之。久食，令人有颈疾。又多别流于山谷者，澄浸不泄，自火天至霜郊以前，或潜龙蓄毒于其间。饮者可决之，以流其恶，使新泉涓涓然，酌之"。陆羽对煮茶之水很讲究，认为甘美的泉水为上乘，而不能饮用急流奔腾回旋之水、静止不流动的山谷之水、从炎热至秋天霜降之水。陆羽品水达到了出神入化的程度，他可以判断江心之水和江岸之水的差别。

（元）赵原《陆羽烹茶图》

（三）隐逸的晚年

晚年的陆羽在盛产名茶的湖州苕溪结庐隐居，阖门著书。《陆文学自传》记载："往往独行野中，诵佛经，吟古诗，杖击林木，手弄流水，夷犹徘徊，自曙达暮，至日黑兴尽，号泣而归。"他以此为据点，每年都背着采制茶叶的工具前往湖、苏、常、杭、越等地的深山中采制春茶，向茶农学习，考察茶叶生产。他把游历考察的见闻加以记录、总结、提炼，开始写作《茶经》一书。据传，唐建中元年（780），《茶经》正式刊行，作为世界上最早的一部茶叶专著问世，陆羽总结了茶之十事，使饮茶从一种饮食上升为一种道、一种文化。由此，陆羽也被称为"茶圣"。

陆羽一生嗜茶，精于茶道、工于诗词、善于书法，尤其是茶学修为深厚，朝廷曾先后两次诏拜陆羽为"太子文学"和"太常寺太祝"，但陆羽无心于仕途，拒官游学，醉心于品泉问茶，放逸于名山大川，成为唐代饮茶风尚的倡导者、中国茶道发展的奠基者。

后来有不少诗人对陆羽倡导中国茶道的善举给予高度的赞扬。孟郊在《题陆鸿渐上饶新开山舍》中云："啸竹引清吹，吟花成新篇。乃知高洁情，摆落区中缘。"诗中赞美了陆羽性情"高洁"。北宋逸士林和靖也有诗赞："世间绝品人难识，闲对茶经忆古人。"南宋的民族英雄文天祥，对陆羽同样推崇备至："男儿斩却楼兰首，闲品茶经拜羽仙。"可见，后人对陆羽的品德和《茶经》的评价是很高的。

（清）任熊《煮茗图》

二、《茶经》的主要内容

陆羽的《茶经》，在深入考察实践的基础上，用科学的态度，对茶树的产地、形态、栽培方法、生长环境，茶的种植、采摘、加工，制茶、茶具、药理、品用、文化、茶产区划和品质评鉴等都作出细致的分析和介绍，可以说是一部"茶叶百科全书"。唐末皮日休在《茶中杂咏》序中评价《茶经》："分其源，制其具，教其造，设其器，命其煮。"他认为《茶经》讲了茶的源流、制茶的工具与方法以及煮茶的形式等。学习茶道，要从学习《茶经》开始。

《茶经》全书 7000 多字，分卷上、卷中、卷下三卷，一共十章。《茶经》系统地总结了唐代以前茶叶生产、加工、品饮等方面的情形，探究了饮茶的文化内涵，将饮茶从日常生活的层次上升到艺术和审美的层次，成为生活美学的体验。

卷上共三节。分为：

"一之源"，介绍茶树的植物学性状，茶树生长的自然条件、栽培方法、品质及饮茶的俭德之性，讲述了"茶"的字源、名称及同义字。

"二之具"，介绍采茶、制茶的用具和用法等。

"三之造"，说明采茶、制茶的节令、时间和制茶工序，以及辨识精神之道。

卷中共一节。卷中这一节名**"四之器"**。主要讲述煮茶、饮茶的二十五种器具的制作、规格、质地、结构、造型、纹饰、使用方法和对茶汤品质的影响，提出了注重茶器实用性和艺术性的要求，规定了使用茶具的仪式、心理境界，是对饮茶上升到美感体验的阐述。

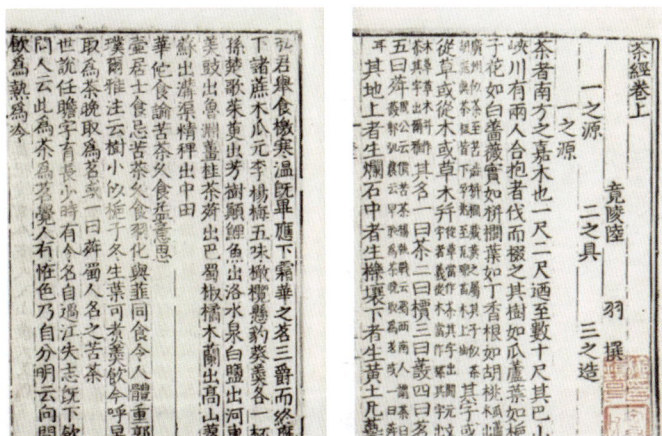

《茶经》书影

卷下共六节。分为：

"五之煮"，讲述烤茶要领，选用燃料，沏茶的方法，各地水质对茶汤的色、香、味的影响。

"六之饮"，讲述饮茶的风俗习惯和历史，是对茶礼的系统概括，推崇的饮茶之法是清饮。

"七之事"，是篇幅最大的一章，列举历史上的饮茶典故和名人轶事，茶用途、茶药方、茶诗文等文献，是茶艺术的集中阐述。

"八之出"，叙述和比较我国茶叶的产地和茶叶的品质。

"九之略"，列举在深山、野寺、泉涧边、岩洞诸种环境中可以省略的一些加工过程和茶具、茶器，指出不必机械照搬照用，体现了陆羽经世致用、灵活变通的处事之道。

"十之图"，主张用绢素书写《茶经》，以便让人随时查阅，了然于胸，便于操作。

三、《茶经》中唐朝茶事所用器具

陆羽在《茶经》中详细介绍了煮茶器物。这些器物包括风炉灰承、筥、炭挝、火筴、鍑、交床、夹、纸囊、碾_{拂末}、罗合、则、水方、漉水囊、瓢、竹筴、鹾簋_揭、熟盂等二十五种煮茶和饮茶的器皿,《茶经》中提及"以则置合中",或许是陆羽将"罗合"与"则"计为一器,故与《茶经·九之略》中提及的"二十四器"相符。这二十五种器物的功用各有不同:

1. **风炉**_{灰承}:形如三足鼎,用于煮茶的炭火炉。此炉以锻铁铸之,或烧制泥炉代用。与风炉配套使用的有"灰承",灰承是三只角的铁盘,用来承接风炉中掉下来的炉灰。

(宋)刘松年《撵茶图》(局部,各种煮茶器物)

2. **筥**：方形，以竹丝编织，用以采茶。此器不仅方便使用，而且编制美观，这是由于古人常食用自采自制食物而特意设置。

3. **炭挝**：用六棱形铁棒制成，一般长一尺，用以碎炭。

4. **火筴**：又称为"箸"，形如筷子，用铁或熟铜制作。用途如同火钳，用以夹炭入炉。

5. **镀**：或作"釜"，小口锅，常用生铁制成，用以煮水烹茶。唐代亦有釜瓷石釜，富家有银釜。

（宋）刘松年《撵茶图》（局部，各种煮茶器物）

6. **交床**：十字交叉的木架，用以置放茶釜。

7. **夹**：用小青竹制成，用来夹着茶饼在火上烤。也有采用精铁或熟铜制作。

8. **纸囊**：用剡藤纸缝制的容器，茶炙热后储存其中，不使泄其香。

9. **碾**拂末："碾"用橘木或梨木制成。前者碾茶，后者将茶拂清。

10. **罗合**：罗是筛茶末的，合是贮茶末的。

11. **则**：多用蛤壳或铜铁制成，有如现在的汤匙形，量茶之多少。

12. **水方**：用木料制成，用以贮生水。

13. **漉水囊**：用以过滤煮茶之水，形如捕昆虫的网。有铜制、木制、竹制。

14. **瓢**：用葫芦或杂木制成，杓水用。

（宋）刘松年《撵茶图》（局部，各种煮茶器物）

15. **竹筴**：用于搅拌茶水，煮茶时环击汤心，以发茶性。

16. **鹾簋**^揭：唐代煮茶加盐去苦增甜，前者贮盐花，后者杓盐花。

17. **熟盂**：盛熟水（开水）的器皿。唐人煮茶讲究三沸，一沸后加入茶直接煮，二沸时出现泡沫，杓出盛在熟盂之中，三沸将盂中之熟水再倒入釜中，称为"救沸""育华"。

18. **碗**：是品茗的工具，唐代崇尚越瓷，此外还有鼎州瓷、婺州瓷、岳州瓷、寿州瓷、洪州瓷。以越瓷为上品。唐代茶碗高足、偏身。

19. **畚**：白蒲草卷编制而成，用以贮碗。

20. **札**：用棕榈皮或细竹子制作，洗刷器物用，类似现在的炊帚。

21. **涤方**：用木制成盒子形状，盛放洗涤后剩余的水。

22. **滓方**：用来盛放各种茶渣。制作方法同涤方。

23. **巾**：用来擦拭各种茶具。一般制作两块，交替使用。

24. **具列**：用以陈列茶器，类似现代酒架。

（清）姚文瀚《卖浆图》（局部，都篮）

25. **都篮**：饮茶完毕，收贮所有茶具，以备下次煮茶使用。因能装下所有煮茶器皿而得名。

四、《茶经》的主要贡献和现代价值

《茶经》作为世界上第一部茶书，被后人奉为茶文化的经典，受到了高度评价。唐末皮日休在《茶中杂咏》序中说："岂圣人之纯于用乎？草木之济人，取舍有时也……季疵始为三卷《茶经》，由是……命其煮饮之者，除痟而去疠，虽疾医之，不若也。其为利也，于人岂小哉！"皮日休认为陆羽撰写了《茶经》，发现了茶是草本之精华，使人类受益，其贡献是巨大的。

北宋诗人梅尧臣在《次韵和永叔尝新茶杂言》中云"自从陆羽生人间，人间相学事春茶"，高度评价了陆羽对中国茶道的贡献。可见《茶经》对后世茶饮的深远影响。

北宋欧阳修《集古录》中云："后世言茶者，必本陆鸿渐，盖为茶著书，自其始也。"

明代陈文烛在《茶经》序中甚至认为："人莫不饮食也，鲜能知味也。稷树艺五谷而天下知食，羽辨水煮茶而天下知饮，羽之功不在稷下，虽与稷并祀可也。"他把陆羽对茶的发现提到了与稷树艺"稻、黍、稷、麦、菽"五谷同等重要的地位。那么，《茶经》的贡献和现代价值表现在哪里呢？

（一）陆羽用科学理性精神揭示了茶对人的生命的价值和意义

陆羽对茶的种植、制作、饮用的研究，始终建立在科学的基础上，贯穿天时、地利和人和。陆羽用中国传统文化中"天人合一"的理念去研究、指导茶道。

首先，他强调要适"天时"。 "天时"主要是指采之以时，选之以时，投之以时，洳之以时，饮之以时。他在《茶经·三之造》中指出了采茶的最佳时间，指出春茶为上，"凡采茶，在二月、三月、四月之间"，大地回春，百草吐芽，生机勃发，这时茶树的嫩芽为最优。陆羽对茶的等级做了科学的判断，"阳崖阴林：紫者上，绿者次；笋者上，牙者次；叶卷上，叶舒次"。向阳的山崖种植的茶为优，这是因为茶叶受到了阳光的照射，吸收了大量的氧气，质量较好。陈椽在《茶经论稿》序中也提及：茶树种在树林阴影的向阳悬崖上，日照多，茶中的化学成分茶多酚类物质也多，相对地，叶绿素就少；阴崖上生长的茶叶却相反。阳崖上多生紫芽叶，又因光线强，芽收缩紧张如笋；阴崖上生长的芽叶则相反。所以古时茶叶质量多以紫笋为上。在茶的采制上，陆羽指出了

"其日有雨不采，晴有云不采。晴，采之、蒸之、捣之、拍之、焙之、穿之、封之，茶之干矣"。在这里陆羽指出采茶的时间和茶叶的"七道"制作工艺。

其次，他强调要"择地利"。陆羽在《茶经》中论述茶质与土壤的关系时指出："上者生烂石，中者生砾壤，下者生黄土。"这一观点被现代科学证明是正确的。"一方水土养一方人"，一方土质决定茶树的品质，一个产茶区适合种植什么样的茶树，是由当地的土壤、气候等自然因素决定的。土地的微量元素的含量和肥沃程度决定了茶叶的质量。因此，名茶皆出自名山。

再次，他强调要"求人和"。陆羽认为品茶旨在于一个"和"字，追求人的身心和谐，既温和脾胃，润泽五脏，又神清气爽，淡泊清雅；追求人与人和谐，在品茶中增进感情，融洽相处，得神、得趣、得味。他在《茶经·七之事》中引用："《神农食经》：'茶茗久服，令人有力、悦志。'"意思是说，《神农食经》提出，长期喝茶，可以使人健康有力，精神饱满。他充分肯定了茶对人"有力悦志"的功效。茶作为健康的饮料，是大自然对人类的馈赠，茶促进人的健康作用是多方面的，如延缓衰老、提神解乏、促进消化等，是强身健体的好饮料。

陆羽以科学的态度去考察茶，把茶道上升为天道、地道和人道，坚持以人为本的价值理念，以人的生命健康为依归，充分发挥了茶这一植物对人的生命的价值和意义。

（宋）刘松年《斗茶图》

（二）陆羽用人文精神去研究、分析茶，从养生提升到养性、养德、养心的思想道德境界

陆羽把茶融入中国传统文化精神，让人们在品茶中提升思想境界和道德情操。他在《茶经·一之源》中说："茶之为用，味至寒，为饮，最宜精行俭德之人。"他指出了茶的功用在于使人修身养性、清静无为、生活检朴、为人谦逊。茶不但有提神醒脑、让思维敏捷的功效，还因为茶性与人性相近，具有去污、洁净、清和的功能。茶树生于灵山，得日月雨露之精华，清和之气，被誉为尘世仙芽。所以，茶性可以使人从清趣中培养灵气，涤除积垢，回归本来

《茶经》与茶样

善性，得天地清和之气，养浩然之正气，养成良好的品性和情怀。

陆羽在《茶经·七之事》中列举了不少有关修身养德的事例，以茶德来倡导人们要崇俭清廉，使茶成为节俭戒奢和廉洁的象征。

《茶经》引用《晏子春秋》，记载："婴相齐景公时，食脱粟之饭，炙三弋五卵，茗菜而已。"晏婴虽身为国相，但是生活俭朴，以糙米、茗茶为食物。

《茶经》引用《晋中兴书》，记载："陆纳为吴兴太守时，卫将军谢安尝欲诣纳，纳兄子俶怪纳无所备，不敢问之，乃私蓄十数人馔。安既至，所设唯茶果而已。俶遂陈盛馔，珍羞必具。及安去，纳杖俶四十，云：'汝既不能光益叔父，奈何秽吾素业？'"陆纳任吴兴太守时，卫将军谢安前往拜访。陆纳的侄子陆俶感到纳闷，有贵客来访，太守什么也没有准备，他不敢询问，便私自准备了十多人的菜肴。谢安来后，陆纳仅仅用茶和果品招待。陆俶觉得寒酸便摆上丰盛的菜肴，各种精美的食物都有。等到谢安走后，陆纳责罚陆俶四十棍，说："你既然不能给叔父增光，为什么还要玷污我清白的操守呢？"陆俶好心办了坏事，其错有二：一是自作主张，没有请示私自准备了菜肴；二是不了解陆纳节俭的品性，过于铺张。

中国有以茶代酒的习俗。《三国志》曾有一个记载：三国时期，吴国的国君孙皓特别爱酒，达到嗜酒的地步，每次宴请宾客时，都大设酒宴，不醉不归。当时，吴国有个文韬武略的大臣韦曜，很得孙皓赏识，但是他偏偏酒量不大，一喝就醉，醉了不是耍酒疯，就是大病一场。孙皓虽然嗜酒，但他也是个爱才的国君。此后，每次设酒宴，孙皓就请人暗中把韦曜喝的酒换成汤色相似的茶，以免韦曜醉酒伤身。

酒是由粮食造出来的，是含酒精的饮料，多饮既浪费粮食，又伤害身体。而喝茶对于人来说，能提神醒脑、开胃消滞，因此茶是更有益于人的身心健康的饮品。

陆羽在《茶经》中汲取儒、佛、道的思想，把饮茶从自然境界上升为人文境界，要求以茶修德，以茶修心。

唐末刘贞亮把茶的功用归结为"十德"：以茶散郁气，以茶驱睡气，以茶养生气，以茶除病气，以茶利礼仁，以茶表敬意，以茶尝滋味，以茶养身体，以茶可行道，以茶可雅志。他把这十个方面作为饮茶所追求的人文精神的目标，引导人们提升思想境界和道德情怀。

（三）陆羽用艺术的追求把饮茶从道德修养上升为审美的层次

陆羽在《茶经》中，通过对茶的品类、用具、用水、烹煮方法和品饮环境的研究和介绍，把茶道提升到合乎科学、卫生、美感要求的技术、方法、规则，使饮茶活动成为美化生活、陶冶情操的文化艺术享受。他在《茶经·六之饮》中，要求饮茶达到"至妙""精极"的境界，使饮茶超越了生理需求的层面，达到一种精神享受的境界。他说："於戏！天育万物，皆有至妙，人之所工，但猎浅易。所庇者屋，屋精极；所著者衣，衣精极；所饱者饮食，食与酒皆精极之。茶有九难：一曰造，二曰别，三曰器，四曰火，五曰水，六曰炙，七曰末，八曰煮，九曰饮。"陆羽在这里说，天生万物，都有它最精妙之处，人们所擅长的都只是那些浅显易行的。居住的屋、穿着的衣、吃的食物和饮用的酒都精美极了。而茶要做到精致则有九大难点：涉及制作、识别、器具、用火、择水、烤炙、研末、烹煮、品饮等。陆羽认为中国茶道重在品茶的精妙、精致，他把饮茶的过程视作清雅、恬静、淡洁的雅趣活动，作为品赏精美器物的高尚行为，从中享受茶的乐趣与情趣。

《茶经》不但是中国传统文化重要的组成部分，在中国有巨大的影响，而且对世界茶文化的发展影响深远。在中国古代出口的产品中，陶瓷、茶叶和丝绸是三大出口品类，茶成为中西文化交流的媒介之一。中国不但有一条丝绸之路，而且有一条玉帛之路、陶瓷之路、茶叶之路。据记载，在南北朝时期就开始有了茶叶贸易，到唐代开始大量以马易茶，这就是著名的"茶马互市"，并造就了后来的"茶马古道"。"茶马古道"以川藏道、滇藏道两条大道为主线，成为走向世界进行经贸、文化交流的陆上之道。同时，也有一条海上茶道。明代郑和下西洋开辟了中国的海上茶叶之路，茶商通过大海向世界多地销售茶叶。17世纪，葡萄牙的凯瑟琳公主嫁给英国国王查理二世，酷爱茶叶的她将中国红茶引入欧洲皇室，中国茶叶在欧洲被广为推崇，并演变成后来西方的下午茶。伴随着陆上、海上日益繁荣的茶叶贸易,《茶经》也向海外传播,17世纪以后,《茶经》陆续被翻译成英、法、德、意等多种文字,受到国外许多学者的高度评价。英国人威廉·乌克斯在《茶叶全书》中说:"中国学者陆羽著述第一部完全关于茶叶的书籍,于是当时中国农家以及世界有关者,俱受其惠。"

　　茶饮作为一种生活方式,其形态是千姿百态的;茶作为一种文化,又有着深邃的内涵。宋代诗人杜耒说:"寒夜客来茶当酒,竹炉汤沸火初红;寻常一样窗前月,才有梅花便不同。"诗人白居易说:"坐酌泠泠水,看煎瑟瑟尘。无由持一碗,寄与爱茶人。"唐代诗人卢仝认为饮茶可以进入"通仙灵"的奇妙境地;唐代韦应物誉茶"洁性不可污,为饮涤尘烦";宋代苏东坡认为"从来佳茗似佳人";明人顾元庆谓"人不可一日无茶";近代鲁迅说品茶是一种"清福";法国大文豪巴尔扎克赞美茶"精细如拉塔基亚烟丝,色黄如威尼斯金子,未曾品尝即已幽香四溢";日本高僧荣西禅师称茶"上通诸天境界,下资人伦";英籍华裔女作家韩素音说"茶是独一无二的真正文明饮料,是礼貌和精神纯洁的化身"。

今天，茶已经走进了寻常百姓家，人们不但获得了健康的生活，而且也获得情操的陶冶、精神的提升和美的享受。

中国茶道是中华优秀传统文化的积淀，是中国古典美学的一部分。人们通过沏茶、赏茶、闻茶、品茶，增进友谊，美心修德，学习礼仪，领略传统美德和审美。在学习和研究中国茶道中修心、养志、静神、陶冶情操、驱除杂念，以求达到清静、恬淡、和美的状态，促进身体健康，升华心灵境界。

（清）钱慧安《烹茶洗砚图》（局部）

054

第二讲

茶名：
『茶，南方之嘉木』

讲中国茶道，就要知道"茶"字的由来，事实上，古人选择的汉字"茶"已蕴含了茶道的内涵。

茶山

　　"茶"，形声字。"茶"与"荼"本是同一字。《说文解字》艸部："荼，苦荼也。从艸，余声。同都切。此即今之茶字。"徐灏《段注笺》："《尔雅》荼有三物。其一，《释艸》中载'荼，苦菜。'即《诗》之'谁谓荼苦'，'堇荼如饴'也。其一，'藨（白茅的花穗）、荂，荼。'茅秀也。《诗》'有女如荼'，

《吴语》'吴王白常白旗白羽之矰，望之如荼'是也。其一，《释木》：'槚，苦荼。'即今之茗荈（粗茶，泛指茶）也。"'荼'的含义有三个，分别指苦菜、白蒿和茶。顾炎武《日知录》卷七："荼字，自中唐始变茶。"陆羽《茶经·一之源》："其字，或从草，或从木，或草木并。"荼字，从字形、部首上来说，有属草部的，如《开元文字音义》；有属木部的，写作"木荼"，见于《本草》；也有并属草、木两部的，写作"荼"，见于《乐雅》。又说："其名，一曰茶，二曰槚，三曰蔎，四曰茗，五曰荈。"意思是说，茶的名称有五个之多，一是茶，二是槚，三是蔎，四是茗，五是荈（chuǎn）。由于中国地大物博，方言众多，茶的名称也不少，出现了"一物多名"的现象。在这五个名称中，槚、蔎、荈由于很少用，已变成了生僻字，只有"茗"还常见。"品茗"也就是"喝茶"的文雅说法。茶之名带有地域的特征，扬雄说："四川西南人称茶为蔎。"茶之名因采摘的时间不同有所区别，郭璞在《尔雅》中云："早采者为茶；晚取者为茗，一名荈。"

茶的别名很多，一名"涤烦子"。这个别名出自唐代施肩吾的诗："茶为涤烦子，酒为忘忧君。"二名"甘露"。此名出自《茶经·七之事》引《宋录》："道人设茶茗，子尚味之，曰：'此甘露也，何言茶茗？'"三名"草中英"。此名出自五代郑邀《蔡诗》："嫩芽香且灵，吾谓草中英。"此外，还有月团、片甲、婵翼、鸟嘴、麦颖、香乳等别名。

茶芽

"荼"与"茶"在唐代以前并用，陆羽在写作《茶经》时，通篇采用了"茶"字，而不用"荼"，其目的就是不让人产生混淆。陆羽把书名定为《茶经》，对"茶"字的推广和固定使用起到了巨大的推广作用。《茶经》成书半个世纪之后，"茶"字为大众所认同，其他的曾用名也就退出了历史舞台。陆羽统一"茶"的名称意义非凡，体现了中国茶道的内涵，汉字"茶"本身就是一部"茶"植物学和文化史。

一、"茶"字表达了"茶"这一木本植物的特征

陆羽在《茶经·一之源》中说："茶者，南方之嘉木也。一尺、二尺乃至数十尺。其巴山峡川，有两人合抱者，伐而掇之。其树如瓜芦，叶如栀子，花如白蔷薇，实如栟榈，蒂如丁香，根如胡桃。"陆羽从植物学的角度，对茶的产地、形、体、貌、根做了概括，指出：茶，是南方地区一种美好的木本植物，树高一尺、二尺或数十尺。在巴山峡川一带，有直径大

得到要两人才能合抱的大茶树，将枝条砍削下来才能采摘茶叶。茶树的树形像瓜芦木，叶子像栀子叶，花像白蔷薇花，种子像棕榈子，蒂像丁香蒂，根像胡桃树根。

大茶树冠

陆羽写《茶经》的时候，开篇提出："茶者，南方之嘉木也。"可见，陆羽认定茶树是木本植物。

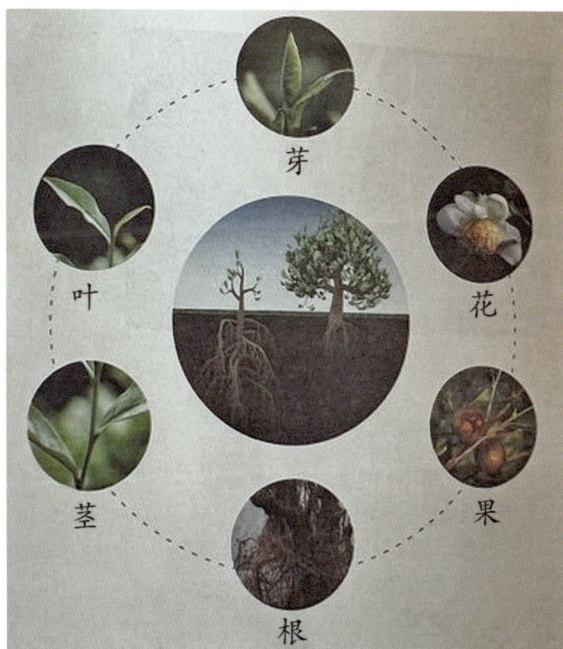

茶树结构图

(引自骆耀平：《茶树栽培学》，北京：中国农业出版社 2008 年版)

陆羽选用汉字"茶"命名，体现了"茶"是木本植物，而不是草本植物的自然特性。

第一，茶是生长在南方的多年木本常绿植物，主要分布在热带或亚热带地区。

第二，茶树高度不一，有的植株高大，有的属于乔木型、小乔木型，大部分树高度在 1～3 米。

第三，茶的叶子像栀子叶，呈椭圆形或披针形。

第四，茶的花多为白花，大多在 10—11 月开花，即秋天开白色花。

第五，茶的果为蒴果，果实一般为三室，每室 1～2 粒种子，呈黑褐色，少有光泽，富有弹性。茶籽可以榨成茶籽油，富有营养价值。茶籽做枕头，具有保健作用。

第六，茶的芽是枝、叶、花的原生体，位于枝条顶端，是人们用来加工茶的原料，是最有价值的部位。

陆羽以汉字"茶"命名，充分地体现了"茶"这一木本植物在地下的根和地上的茎、叶、花、果的自然特征和生长特点，是比较科学、准确的。

二、"茶"字体现了其木本植物的药用功能

"茶"音通"渣"，其声表示茶泡饮后成渣。

"茶"从"艸"，表示为木本植物这一属性。"荼"字，虽然仅多了一笔，但其意义相差甚远。"荼"是茅草、芦苇之类的白花，如成语"如火如荼"，表示像火那样红，像荼那样白，原比喻军容之盛，现用来形容事物的兴盛或气氛的热烈。"荼"也指深毒、苦痛，"荼毒生灵"指残害百姓。"荼"音通"涂"，指生灵涂炭，可见，"茶"与"荼"的意义差别是很大的。选用"茶"命名更加准确，"茶"应是造福人类而不是"荼毒"人类。茶在春秋以前，以其独有的价值而受到人们的关注。

茶尖

白茶茶样　　　　　　　　　　　　　乌岽茶茶样

　　《淮南子·修务训》神农尝百草故事记载："尝百草之滋味，水泉之甘苦，令民知所辟就。当此之时，一日而遇七十毒。""茶味苦，饮之使人益思，少卧，轻身，明目。"

　　唐代王敷在《茶酒论》中说："百草之首，万木之花，贵之取蕊，重之摘芽，呼之茗草，号之作茶。"

　　我们的祖先在寻找食物、药物的实践过程中发现茶可以解渴、解毒。相传南宋末年，宋帝卫王赵昺南逃路经潮州凤凰乌岽山，口渴难忍，侍从采下一种叶尖似鸟嘴的树叶加以烹制，饮之止咳生津，立奏奇效，遂赐名为"宋茶"。相传白茶效果等同于犀角，在福鼎有一座山叫太姥（mǔ）山，山上有一个太姥娘娘的雕塑，是专门用来纪念古代用白茶给孩子治病的老人，叫"太母"，后世尊称"太姥娘娘"。

我国历史上寿命最长的皇帝是乾隆，89岁那年他退位当上了太上皇。在退位的宴会上，有一个老臣对乾隆说："国不可一日无君。"乾隆哈哈大笑说："君不可一日无茶。"由此可见乾隆对茶的重视程度。铁观音这一茶名就是乾隆起的，乾隆看着茶叶外形很紧，像铁一样，同时形状像观音，所以为其起名"铁观音"。

三、"茶"字揭示了"物我一体"的人文精神

有一则谜语，谜面为"人在草木中"，谜底即"茶"字。人在草木中，体现了茶的价值在于人的参与，茶是"物我一体"的自然之道和人文之道的融合，

一年一度的"头采"

荒野茶芽

品茶既是品茶之味，也是品人生之味。"天育万物，皆有至妙"，茶的种、采、制、饮皆契合自然之道，也应体现人文精神，正如宋徽宗赵佶在《大观茶论》中所说：饮茶可以"祛襟涤滞，致清导和"，"冲淡闲洁，韵高致静"。"茶"字体现了茶道与人道的统一。饮茶不仅是为了解渴，也是为了丰富精神文化生活，茶道体现了人文精神、道德情操、礼俗规范、审美过程。茶性即人性。品茶讲究真茶、真香、真味，又要真心、真性、真意。茶品即人品。茶有清、香、洁、和之特性，品茶讲究"清、香、甘、淡"。清：自然灵秀，形色俱清；香：其嗅如兰，沁人心脾；甘：其甘如荠，苦尽甘来；淡：淡而有味，君子之交。与之相适应的人品则是"清、雅、简、淡"。清：神清气爽，清正廉明；雅：谦恭儒雅，君子风发；简：豁朗简约，不拘俗礼；淡：随遇而安，自甘淡泊。茶道也即人道。

自古以来，人们品茶就像品人生。一杯泡好的茶，必须耐心等候，等候适宜的温度，防止热茶伤嘴，冷茶伤胃，等候是人生能力、经验、智慧的积蓄，是时机的把握；一杯泡好的茶，必须一口一口地品，细细地体悟其中的色、香、味、韵，感受着茶香在口腔中弥漫，余味悠长。这就如同我们在人生的旅途中，经历过风雨，积累了经验，那些珍贵的记忆和感悟会一直留在心底，成为我们前行的动力和财富。品茶的过程，就是在品味人生的百般滋味，感受岁月的静好与沧桑，只有细细地体悟，才能不辜负岁月；一杯泡好的茶，喝入口中，先得其苦，后得其甘。人生如果经历了苦的体悟，就会更懂得甘的珍贵。茶道可以让我们从中悟到许多人生的道理。

茶园品茶

　　从以上三个方面看，用汉字"茶"规范"茶"的名称，体现了茶的自然属性、特殊功能和本质精神，具有深远的意义。从这个意义上看，陆羽作出了巨大的贡献。

第三讲

茶德：『天地人和』

《易经》："形而上者谓之道，形而下者谓之器。""形而上"就是茶道的核心精神和思想精髓，这一精神统率了"形而下"的器、法、术和时。如果说中国茶道有一个体系的话，那么，这个体系可以概括为"道、器、法、术、时"。"道"讲的是自然规律和社会规律，追求的是真；"器"讲的是工具、器物，"法"讲的是方法、技巧，这两者追求的是"善"；"术"讲的是技艺；"时"讲的是时机和态势，追求的是美。这五者分别代表着自然境界、科学境界、人文境界、艺术境界和审美境界。

中国茶道经过长期的实践、积淀和发展，形成于唐代，完善于宋代。唐代封演的《封氏闻见记》中记载："茶道大兴，王公朝士无不饮者。"唐代士大夫高层无不饮茶，在他们的示范带动下，茶道大行于世。

茶道，是人们通过赏茶、沏茶、闻茶、品茶、敬茶等活动，品尝茶的美感，学习茶的礼仪，欣赏茶的艺术，领略茶的美德，感受茶的香气，并以此强身健体，静心怡情，陶冶情操，修心养性，是健康养生之道、待人处世之道、享受幸福生活之道，也是体悟生命、人生真谛之道。

▲（唐）佚名《宫乐图》（局部）

▼（明）丁云鹏《煮茶图》（局部）

中国茶道在"道"的层面，其核心是茶道精神，这是茶道的灵魂，是茶道的宗旨和最高准则。中国茶道的精神植根于自然的本性之中，又积淀着中华人文精神，带着鲜明的中华民族文化的特征。

那么，中国的茶道精神是什么？《茶经》虽然未出现"茶道"一词，但其所阐述的内容，无不体现茶道之精神，这个精神，陆羽用四个字来概括就是"天地人和"。

《茶经》把中华传统文化中儒、道、佛三家的思想融为一体，汲取了三家的思想精华，创立了以"中和"为本的茶道精神。

在中国的传统文化中，儒家以茶修德，道家以茶养性，佛家以茶修心，都是通过茶净化心灵，提升境界。儒家主张通过饮茶，使人清醒、理智、平和，更多地自省、清廉，创造尊卑有序、上下和谐的理想社会。《中庸》中说："喜怒哀乐之未发，谓之中；发而皆中节，谓之和。中也者，天下之大本也；和也者，天下之达道也。致中和，天地位焉，万物育焉。"和合精神是中华民族精神的精髓，是中华民族的理想境界，它融注于茶道的始终。

把茶品与人品统一起来，茶成为沟通自然与心灵的桥梁，体现了儒家"天人合一"的和合思想。可以说，茶是儒家入世的承载之物，他们以入世精神运用于茶事，以茶励志，以茶修德，以茶养性。

道家注重人与自然的和谐一体，把茶作为修身养性之道，认为茶是聚自然之精华、采天地之灵气于己身，是去除浊气、养生健身的佳品，主张道法自然，返璞归真，尊人、贵生、恬淡。马钰在《长思仙·茶》的词中写道："一枪茶，二旗茶，休献机心名利家，无眠为作差。无为茶，自然茶，天赐休心与道家，无眠功行加。"道家认为饮茶可以养成清静之心，去除贪图功名利禄的欲望，以求达到清静、恬淡、寂寥、无为的境界。道家把茶当作忘却红尘烦恼、逍遥遁世的一大乐事，主张回归自然、亲近自然，领略人与自然"物我玄会"的绝妙感受。

禅门公案：吃茶去

唐代赵州观音寺的高僧从谂禅师，被后人尊称为"赵州古佛"。有一天，两位僧人前来拜访从谂禅师，向他请教禅理。从谂禅师问其中一位："你以前来过这里吗?"僧人回答:"来过。"禅师便说:"吃茶去。"接着禅师又问另一位僧人:"你来过这里吗?"僧人回答:"没来过。"禅师同样说:"吃茶去。"监院觉得奇怪,便问禅师:"为什么来过的你说吃茶去,未曾来过的你也说吃茶去呢?"从谂禅师于是叫了一声监院的名字,监院答应了一声,禅师便说:"吃茶去。"

"吃茶去"是禅宗一个著名的公案,出自宋代佛教禅宗史书《五灯会元》。这则公案非常有名,也叫"赵州茶"。"吃茶去"的含义并非字面意义上的邀请人去喝茶,而是富含禅理。寺院中有固定的吃粥、吃茶的时间,吃茶是为了劳务之后解渴休息。这两位僧人去见从谂禅师时,正好是吃茶的时间,连同监院都被从谂禅师请去吃茶了。从谂禅师不管你身份如何,不管你是否初次来寺院都平等对待,体现了众生平等的禅宗思想。"吃茶去"的意义在哪里?就禅法而言,"茶"代表道、禅、自性的清净心,或明心见性的"心"和"性"。都去吃茶,意指来到或住在寺院的人,都需以"平常心"过平常的生活。事情该怎么做就怎么做，该讲什么话就讲什么话；做了、说了，心里坦荡，无须瞻前顾后，能做到这样才是真修行。先来的、后到的、有职位的、没有职位的，甚至包括从谂禅师在内，均应遵循常规，该吃饭就吃饭，该喝茶就喝茶。

佛家与茶结缘，源远流长。禅定是僧人的修炼法门，佛家修行要念经，僧人为了提神醒脑，饮茶成为修行中不可缺少的内容。禅门公案"吃茶去"，也表示"禅茶一味"，生活中有茶、茶中有禅、禅中有茶，禅的智慧便隐匿于茶中。"禅茶一味"的理念起源于唐朝，与从谂禅师"吃茶去"的公案密切相关。从谂禅师以"吃茶去"启发弟子，让他们在平常的吃茶行为中体悟禅意。此外，茶在寺院中有着特殊的地位，僧人们种植、制作、饮用茶，茶成为僧人修行的辅助工具，茶与禅逐渐形成了不可分割的关系。陆羽在寺院中成长，学习煮茶，成年后又与皎然等诗僧交好，对"禅茶一味"的理念有更深的体悟，佛家在饮茶中品悟生活的本质，从静思中领悟人生的本心，追求平静、和谐、清明、宁静的心灵世界。唐代的诗僧皎然写了一首咏茶诗《饮茶歌诮崔石使君》，极具禅味，诗云："一饮涤昏寐，情来朗爽满天地。再饮清我神，忽如飞雨洒轻尘。三饮便得道，何须苦心破烦恼……"元代书画家赵孟頫写过一篇榜文《请谦讲主茶榜》，这篇文章充满禅机，值得一读，文云："恭惟心如止水，辩若悬河。天雨宝花，法润普沾于众渴，地生灵草，清香大启于群蒙。性相本自圆融，甘苦初无差别。雪山牛乳，分一滴之醍醐；北苑龙团，破大千之梦幻。"榜文不著"茶"字，尽得清雅，堪称"借茶说法"的典范。

日本推崇中国的茶道，不但从中国引进了茶道，而且加以发扬光大，提出独特的日本茶道，其中以千利休为代表，他被称为日本的"茶圣"，他提出了"和敬清寂"的茶道精神，也即茶道三规。这三规的内容分别为：一是"心神"，指和，不生憎爱的情感；二是"心意"，指敬，心佛平等的禅意；三是"心境"，指寂，枯读无悟的体悟。这一茶道精神，具有浓浓的禅意。

陆羽在《茶经》中继承和发扬了中国传统文化"保合太和"和"天地自然、五行和谐"的理念，寻求人与自然、人与人、人与社会的和谐统一。这种

"天地人和"的内涵就是"中",就是"度",就是"宜",就是"时",就是"效",就是恰到好处。"和"意味着与天和,与地和,与物和,与人和,意味着宇宙万物的有机结合与和谐相处。具体的要求是人与物的和谐,人与茶、水、火、器等物质对象的关系要搭配合理、协调。诸如茶叶的选择,水温的掌握,火候的控制,器物的配置,等等,都有一个合适的"度",不偏不倚,过与不及都是

（明）丁云鹏《煮茶图》

缺陷，应该加以避免。

唐代裴汶在《茶述》中说："其性精清，其味淡洁，其用涤烦，其功致和。参百品而不混，越众饮而独高。"他认为茶的功用在于致中和。

就审美对象而言，要求茶艺诸要素的协调配合要注意合理、和谐，流畅，不走极端。明代许次纾在《茶疏》中云："茶滋于水，水藉乎器，汤成于火。四者相须，缺一则废。"茶、水、汤、火，互为依存，相辅相成，缺一不可，四者互相调和才能泡出一壶好茶来。

一、茶质：讲求种、采、制的和谐统一

茶的品质取决于种。"种"指茶树的种类、品种，又指种植的土壤、气候，即是天时（气温、日照、雨量）与地利（地理优势）。土壤及茶园的自然环境决定了茶树的生长，因为土壤为茶树提供了养料，使其根系得以茁壮成长，若是土壤贫瘠、缺乏必要的矿物质和有机物质，茶树的生长就会受到限制，茶叶的品质也会大打折扣。而适宜的气候条件对茶叶的种植同

样至关重要。充足的阳光、适度的降雨以及恰到好处的温度，都能促使茶树在最佳的状态下发育。比如，广东潮州凤凰单丛茶，茶树生长在云雾缭绕的山区，高海拔带来的较大温差以及湿润的空气，土壤中含有硒元素，有利于茶树积累丰富的内含物质，从而使得茶叶口感更为醇厚，香气更加清幽。相反，若是在气候干燥、阳光暴晒且温度过高或过低的环境中，茶树可能会生长缓慢，甚至遭受病虫害的侵袭，影响茶叶的产量和质量。陆羽在《茶经·三之造》中说："茶之笋者，生烂石沃土，长四五寸，若薇蕨始抽，凌露采焉。"意思是说，肥壮如春笋紧裹的芽叶，生长在岩石风化未干的肥沃土壤里，长四五寸，当它们开始抽芽像薇、蕨刚破土的嫩叶一样时，趁着露水未干去采摘。有什么样的水土，就种植出什么样的茶。

茶叶的采摘要适时。适时，就是遵循了植物的生长规律和自然之道。不同的茶叶类别，采摘的部位及成熟度不一样，有的要从嫩芽开始摘，有的要稍微成熟，采一芽两叶等。陆羽在《茶经·一之源》中说："采不时，造不精，杂以卉莽，饮之成疾。"意思是说，如果茶叶采摘不合时节，制造不够精细，夹杂着野草败叶，喝了就会生病。采摘茶叶是否适时，决定了茶叶的质量高低，假如茶叶采摘不适时，制造不合法，饮之则会给人的身体带来伤害。茶叶采摘的时间是大有讲究的。陆羽在《茶经·三之造》中说："凡采茶在二月、三月、四月之间。"意思是说，春天来了，万物生长，茶树长出了嫩芽，这是采摘春茶的时间。今天，我们采茶的时间是春、夏、秋、冬四季，绿茶以春茶为好，乌龙茶以春茶的质量最优。陆羽又说："茶之牙者，发于藂（cóng）薄之上，有三枝、四枝、五枝者，选其中枝颖拔者采焉，其日有雨不采，晴有云不采。"陆羽对采茶的时间提出了很高的要求，指出茶的嫩芽长在丛生的茶树枝条上，有同时抽三枝、四枝、五枝的，选择其中长得挺拔的采摘。如果当天下雨不采，晴天有云不采。

宋徽宗赵佶在《大观茶论》中说："撷茶以黎明，见日则止。用爪断芽，不以指揉，虑气汗熏渍，茶不鲜洁。"古代茶园采茶十分讲究，达到极致的地步，为了保证鲜叶带露，必须在日出之前就完成采茶，而且要选择嫩芽加以采摘。

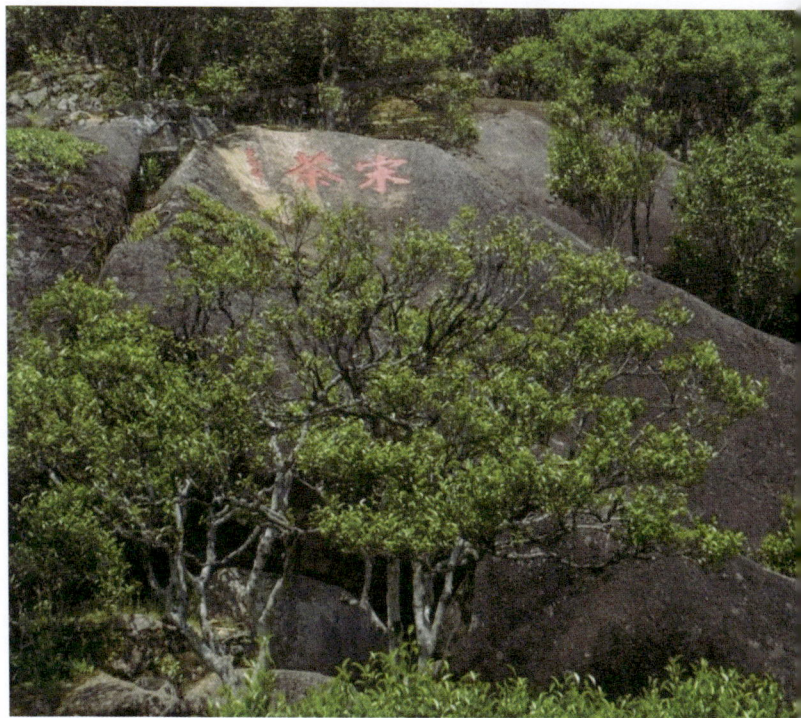

凤凰单丛茶树

茶叶的制作要精致。茶叶的制作过程蕴含着深邃的哲理和精妙的技艺，制作茶叶要根据环境中温度和湿度的变化来决定茶叶萎凋的时间，以及杀青、揉捻、烘焙等工序，每一道工序都需要人的精准把控和用心付出。制茶的工序虽然一样，但是难以量化，往往是茶农凭借经验与实际情境的变化而灵活调整，所以同样的茶叶制作出来的味道不一样，这是正常现象。制作上等的茶叶，要有"天、地、人"之合。陆羽在《茶经·三之造》中说："晴，采之，蒸之，捣之，拍之，焙之，穿之，封之，茶之干矣。"《茶经·五之煮》中说："持以逼火，屡其翻正。"陆羽讲到制茶的七道工序，天气晴朗时采茶，放入甑中蒸熟，后用杵臼捣烂，再放到棬模中拍压成饼，接着焙干，最后穿成串，包装好，茶叶就制作完成了。陆羽在这里讲的是茶饼的制作工艺，绿茶、乌龙茶的工序有所不同，但制作同样讲求精致。明人陈继儒在《眉公杂著·太平清话》中对茶的采、藏、烹提出了三大要求，说"茶家三要：采茶欲精，藏茶欲燥，烹茶欲洁"。

种、采、制三者是互相联系的，没有优质的品种、土壤和适宜的气温是不能生长出好茶的，而采摘不适时，制作不得法也不能出好茶，陆羽在这里用中庸之道把这三者统一起来，提出了适地、适时、适法的要求，是"和合思想"的具体体现。宋徽宗赵佶在《大观茶论》中提出"采择之精，制作之工，品第之胜，烹点之妙"，也强调了种、采、制、品、烹的和谐统一。

二、煮茶：茶、器、水的和谐统一

煮茶要经历选茶、择器、置水、取火、候汤、品茶的六大环节，它们共同构成充满韵味和诗意的过程。陆羽认为要煮一壶好茶，茶的质量是前提，器和水也是很重要的。只有三者的相互配合，和谐统一，才能达到煮茶的最高境界。

妙玉是一位嗜茶如命、孤寂清高的女子，对煮茶之水的讲究达到了无以复加的地步。《红楼梦》第四十一回"栊翠庵茶品梅花雪 怡红院劫遇母蝗虫"中讲述了妙玉论茶的故事。

《手工紫砂壶》（周超作品，第三代手艺传承人）

当下贾母等吃过了茶，又带了刘姥姥至栊翠庵来……贾母笑道："我们才都吃了酒肉，你这里头有菩萨，冲了罪过。我们这里坐坐，把你的好茶拿来，我们吃一杯就去了。"妙玉听了，忙去烹了茶来。宝玉留神看他是怎么行事。只见妙玉亲自捧了一个海棠花式雕漆填金云龙献寿的小茶盘，里面放一个成窑五彩小盖钟，捧与贾母。贾母道："我不吃六安茶。"妙玉笑说："知道。这是老君眉。"贾母接了，又问是什么水。妙玉笑回"是旧年蠲的雨水。"贾母便吃了半盏，便笑着递与刘姥姥说："你尝尝这个茶。"刘姥姥便一口吃尽，笑道："好是好，就是淡些，再熬浓些更好了。"贾母众人都笑起来。

在这里，妙玉招待贾母用的茶具非常精致，茶叶也很讲究，"六安茶"是绿茶，"老君眉"是黄茶，"六安茶"性偏寒，"老君眉"性平醇和，用的水是"旧年蠲的雨水"，"蠲"通"涓"，指清洁，即洁净的雨水。之后，妙玉又招待宝玉、黛玉、宝钗三人喝体己茶。原文描述：

又见妙玉另拿出两只杯来。一个旁边有一耳，杯上镌着"瓟斝"三个隶字，后有一行小真字是"晋王恺珍玩"，又有"宋元丰五年四月眉山苏轼见于秘府"一行小字。妙玉便斟了一斝，递与宝钗。那一只形似钵而小，也有三个垂珠篆字，镌着"点犀盉"。妙玉斟了一盉与黛玉。仍将前番自己常日吃茶的那只绿玉斗来斟与宝玉。

宝玉笑道："常言'世法平等'，他两个就用那样古玩奇珍，我就是个俗器了。"妙玉道："这是俗器?

不是我说狂话，只怕你家里未必找的出这么一个俗器来呢。"宝玉笑道："俗说'随乡入乡'，到了你这里，自然把那金玉珠宝一概贬为俗器了。"妙玉听如此说，十分欢喜，遂又寻出一只九曲十环一百二十节蟠虬整雕竹根的一个大盒出来，笑道："就剩了这一个，你可吃的了这一海？"宝玉喜的忙道："吃的了。"妙玉笑道："你虽吃的了，也没这些茶糟踏。岂不闻'一杯为品，二杯即是解渴的蠢物，三杯便是饮牛饮骡了。'你吃这一海便成什么？"说得宝钗、黛玉、宝玉都笑了……

黛玉因问："这也是旧年的雨水？"妙玉冷笑道："你这么个人，竟是大俗人，连水也尝不出来。这是五年前我在玄墓蟠香寺住着，收的梅花上的雪，共得了那一鬼脸青的花瓮一瓮，总舍不得吃，埋在地下，今年夏天才开了。我只吃过一回，这是第二回了。你怎么尝不出来？隔年蠲的雨水那有这样轻浮，如何吃得。"黛玉知他天性怪僻，不好多话，亦不好多坐，吃完茶，便约着宝钗走了出来。

茶博会茶器展览

　　从以上描述中可以看到妙玉品茶的功夫很深，不但讲究好茶、好茶具，还要有好水。雨水、雪水、朝露水，在古代都被称为"天泉"，尤其是雪水更为古人所推崇。所谓采明前茶，煮梅上雪，品茶听乐，是文人雅士的追求，古人饮茶，讲究好茶、好器、好水。

（一）煮一壶好茶，要有好茶叶

什么是好茶，首先是要学会品鉴茶叶的质量。一般来说，品鉴茶叶要掌握以下要领：

一是看。看包括两个方面：一方面是看茶叶的外形，茶叶的外形是多种多样的，如条形、卷曲形、圆形，不管形状如何，关键在于看条索是否紧实、整齐，色泽是否均匀而有光泽，茶叶中是否有黄片与粗枝。绿茶以茶芽多呈翠绿为佳，应呈现出翠绿的色泽，叶片扁平挺直；而红茶的条索则要紧结匀整，色泽乌润；乌龙茶（凤凰单丛）外形条索则是紧结均匀，色泽油润。色泽灰暗，杂而不匀，暗而无光，都非上等茶。另一方面是看汤色。总体上看，好的茶汤是清澈、鲜活、明亮的。一般来说，绿茶的茶汤以绿色、淡黄色为主，红茶的茶汤红艳透亮，乌龙茶的茶汤金黄明亮又清澈。

茶博会茶样

乌龙茶特写

　　二是摸。即用手感受茶叶的状态与干湿度。各类茶叶含水量的标准是 5%～7%，超过 8% 的茶叶易陈化，超过 12% 的茶叶易霉变。一般来说，干燥适度的茶叶，手感往往清爽利落，不会有丝毫的黏滞感。若是茶叶偏湿，手指会感受到一种隐约的绵软，甚至可能会有微微的潮气。这可能意味着茶叶在保存或加工环节存在问题，比如干燥不充分，或者储存时受潮。而过于干燥的茶叶，摸起来可能会有一种粗糙的质感，甚至可能会有细碎的茶叶末脱落，这或许暗示着茶叶在处理过程中失去了应有的水分平衡，可能会影响到冲泡后的口感和香气。

三是闻。闻茶叶的气味，不同品种的茶叶有着不同的味道，每一种茶叶都散发着独特的香气，轻轻捧起一把茶叶，凑近鼻尖，芬芳瞬间涌入鼻腔。绿茶的香气清新纯净，带着春日里嫩草的鲜嫩气息；红茶则散发出浓郁的甜香；乌龙茶的香气复杂多变，既有花香的清幽，又有果香的甜美，还有一丝烘焙后的焦香，层次丰富，让人回味无穷。总的来说，以清雅幽香、纯正鲜美为佳，不能有异味、霉味。

四是品。这里指细细品味，感受茶汤在舌尖的滋味变化，体会其中的醇厚与甘甜，让身心在这片刻的宁静中得到放松与滋养。品尝时要留意茶汤的滋味、口感和回甘。好的茶汤滋味醇厚、鲜爽，口感顺滑，回甘持久。若是茶汤苦涩、淡薄或者有异味，那茶叶的品质就难以令人满意。通过品茶感觉绿茶的鲜爽、红茶的甜香、乌龙茶的醇厚回甘。品茶时要入口轻，触舌软，过喉嫩，口角滑，流舌厚，后味甘。然后体会其韵味，好茶的真味，有的韵存于香气，清高悠长，有的甘苦一线间，若能由苦转甘者为佳。清代袁枚说："品茶应含英咀华，并徐徐体贴之。"意思是说，将茶含在口中，慢慢咀嚼，细细品味，咽下去时感受茶汤流过喉咙时的爽滑。鉴别茶的优劣，不仅要观其色、闻其味、品其香，还要体其韵，如铁观音品的是"观音韵"，大红袍品的是"岩韵"，单丛茶品的是"喉韵"，这才是品茶的最高境界。

总之，好茶的特点可以归纳为形紧、色鲜、味香、韵远。

潮州工夫茶，选茶多用乌龙茶，例如，凤凰单丛、武夷岩茶、安溪铁观音等。但潮州人对凤凰单丛情有独钟，故有"凤凰单丛茶走不出潮州"一说。"凤凰单丛茶"素以茶中香水著称；其品质天然，气味清香高远，也具有形美、色翠、香郁、味甘"四绝"之称。

老蓮洪綬畫於柳橋

（明）陈洪绶　《校书品茶》

（二）煮一壶好茶，要有好器

中国从古至今都有"美食配美器"之说。茶道也是如此，除了讲究色、香、味之外，还对茶具（如盛茶用具、煎水用具、饮茶用具等）有不少讲究，成为"茶道"的一个重要内容。陆羽在《茶经·四之器》中精心设计了烹茶、品饮的二十五种茶器，体现了和谐统一的思想。比如风炉，为生火煮茶之用。风炉构思巧妙，设计理念来自中庸之道。陆羽用"五行"设计茶器，风炉用铁铸从"金"，放置在地上从"土"，炉烧的木炭从"木"，木炭燃烧煮茶从"火"，风炉上煮的茶汤从"水"，煮茶的过程就是金、木、水、火、土五行相生相克、和谐平衡的过程。陆羽在《茶经》中对风炉的构造作了介绍，"坎上巽下离于中"，"坎"为水，"巽"为风，"离"为火，风能使火旺，火能把水煮开，用这三个卦设计火炉，把火炉分为三个格。这是根据《易经》的象数原理确定尺寸和外形。火炉的三足还书写不同的内容，其中一足写"体均五行去百疾"，寓意和谐健体的思想。煮茶具备了金、木、水、火、土五大元素，五行相克相生，形成各种自然和人生现象。五行在人体中对应着五脏，肝、心、脾、肺、肾均衡协调，就不会生病，这表明了陆羽用茶对自然和谐、养生健体的追求。

陆羽在《茶经·四之器》中云："用银为之，至洁，但涉于侈丽。"晚唐苏廙《十六汤品》云："贵厌金银，贱恶铜铁，则瓷瓶有足取焉。幽士逸夫，品色尤宜。岂不为瓶中之压一乎？然勿与夸珍炫豪臭公子道。"古人欣赏的既不是豪华珍贵的金银茶具，也不是粗糙低贱的铜铁茶具，而是既经济又雅观、富有艺术品位的陶瓷茶具，仍然以中和之美作为取舍茶具的标准。

唐代封演《封氏闻见记》就作过转述：陆羽"说茶之功效并煎茶、炙茶之法，造茶具二十四事，以都统笼贮之，远近倾慕，好事者家藏一副"。宋以后，饮茶器具更加讲究，不仅在功用、外观、造型上要求严格，而且在质地上由陶或瓷发展为玉或金、银器，"士大夫家有之，且几案间"，相沿成风，且趋奢华，陆羽对此不以为然，持批评的态度。

今天，我们煮茶已经没有那么讲究了，但在一些茶的故乡，煮茶的器具是很考究的。潮州的牌坊街一个茶庄，茶是凤凰单丛，水壶是铁壶，火炉烧的是榄核，水用的是山泉水，茶壶是白瓷盖碗，五大元素具备，煮出来的茶色、香、味俱全。

（明）佚名《煮茶图》

潮州工夫茶，以茶具精致小巧、烹制考究、以茶寄情为特点。据翁辉东《潮州茶经》称："工夫茶之特别处，不在茶之本质，而在茶具器皿之配备精良，以及闲情逸致之烹制法。"工夫茶一般不用红茶和绿茶，而用半发酵的单丛或铁观音，茶具很讲究。工夫茶的茶具，往往是"一式多件"，一套茶具有茶壶、茶盘、茶杯、茶垫、茶罐、水瓶、龙缸、水钵、红泥火炉、砂铫、茶担、羽扇等，一般以十二件为常见，如十二件皆为精品，则称"十二宝"，如其中有八件或四件为精品，则称"八宝"或"四宝"。

（三）煮一壶好茶，要有好水

水乃茶之母，优质的水能够最大程度地激发茶叶的香气和滋味。好水应具备清、活、轻、甘、冽等特质。明代熊明遇《罗岕茶记》云："烹茶，水之功居大。"

张大复《梅花草堂笔谈》云："茶性必发于水，八分之茶，遇十分之水，茶亦十分矣；八分之水，试十分之茶，茶只八分耳。"优质的泉水或纯净的矿泉水，能更好地展现茶叶的本真滋味。

明代张源的《茶录》也说"茶者水之神，水者茶之体。非真水莫显其神，非精茶曷窥其体"。

（宋）佚名《松阴煮茶图》

茶道讲究色、香、味、器、礼的齐备，而水是色、香、味发挥到极致的体现者。为此，人们对烹茶所用的水质提出了更高的要求。宋徽宗赵佶在《大观茶论》中说："水以清、轻、甘、洁为美，轻、甘乃水之自然，独为难得。"明人许次纾在《茶疏》中曾写道："精茗蕴香，借水而发，无水不可论茶也。"据古人记载：八功德水，在钟山灵谷寺，八功德者，一清、二冷、三香、四柔、五甘、六净、七不噎、八除疴。

红茶茶汤

陆羽强调煮出一壶好茶，除了要有好茶、好器之外，还要有"水"的协调。他强调了水质和水温。首先，他强调择水先择"源"，讲究"活"，即长流不断的天然水。《茶经·五之煮》："其水，用山水上，江水中，井水下。其山水，拣乳泉、石池慢流者上，其瀑涌湍漱，勿食之，久食，令人有颈疾。又多别流于山谷者，澄浸不泄，自火天至霜郊以前，或潜龙蓄毒于其间，饮者可决之，以流其恶，使新泉涓涓然，酌之。其江水，取去人远者，井，取汲多者。"这段话的意思是说：煮茶用水，以山泉水为最好，其次是江河水，井水最差。山水，最好选取甘美的泉水；石池中缓慢流动的水，急流奔涌翻腾回旋的水不要饮用，长期喝这种水会使人颈部生病。此外，还有一些停蓄于山谷的水虽清澈，但不流动，从炎热的夏天到秋天霜降之前，也许有虫蚊潜伏其中污染水质，要喝这种水，应先挖开缺口，让污秽有毒的水流走，使新的泉水涓涓而流，然后再汲取饮用。江河里的水，要到远离人烟的地方去取，井水则要从经常使用的井中汲取。

（明）文徵明《惠山茶会图》

古代茶人煮茶用水首推泉水。唐代诗儒灵一写道："野泉烟火白云间，坐饮香茶爱此山。"宋代诗人晏殊写道："稽山新茗绿如烟，静挈都蓝煮惠泉。"明代陈继儒写道："泉从石出情宜冽，茶自峰生味更圆。"清代词人纳兰性德写道："何处清凉堪沁骨，惠山泉试虎丘茶。"高濂在《遵生八笺·煎茶四要》中说："凡水泉不甘，能损茶味，故古人择水最为切要。山水上，江水次，井水下。"清代刘源长在《茶史》

中说："山泉，独能发诸茗颜色、滋味。"明代张源在《茶录》中说："山顶泉轻而清，山下泉清而重，石中泉清而甘，砂中泉清而洌，土中泉清而厚。流动者良于安静，负阴者胜于向阳。山峭者泉寡，山秀者有神。"据说陆羽品水达到了出神入化的程度，有这样的一个传说：

　　唐代宗时期，湖州刺史李季卿在扬州一带遇到陆羽，李大人对陆羽的茶艺仰慕已久，就邀请陆羽到湖州做客。途经扬子江边，便请陆羽煮茶，说道："陆君善于茶，盖天下闻名矣，况扬子南零水又殊绝。今日二妙千载一遇，何旷之乎。"李大人命一位军士坐船到江心取水，水取回时，陆羽以勺扬水，说这虽是长江水，但不是南零水，而似岸边的水。军士说，有好几百人亲眼看我取水，并没有作假。陆羽不说话，倒其半盆水，忽然停下，又以勺扬水，说："自此南零者矣！"军士大惊，叹服说："我自南零到岸，船一颠簸，水倒了一半，怕剩下太少，所以在岸边加了水。陆先生神鉴，佩服！佩服！"李季卿及宾客顿感惊奇。

庭院饮茶

择水除了要讲究水品"活"以外，还要求水味"甘"，水质"清"，水性"轻"。

所谓水味"甘"，就是喝上去滋味甘甜，用这样的水烹茶，能为茶汤增添一份自然的甜美，使品茶的过程更加愉悦。要是水不甜，会损茶味。古人认为中国南部五、六月份的雨水最甘甜，雨水雪水，古人称之为"天泉"，是纯粹的软水，用来泡茶特别好。

所谓水质"清"，就是清澈、无杂质，无污染，刮擦时不浑浊。这样的水在与茶叶交融时，不会带来异味或使茶汤混浊，能让茶的本味、本色得以纯粹展现。如果水不干净，茶汤就会浑浊。

所谓水性"轻"，就是分量轻的水，指的是水中所含矿物质的适量，也可以理解为软水。用软水泡茶，能恰到好处地衬托出茶的细腻口感，茶汤鲜亮可口，色、香、味俱佳。然而，如果用硬水泡茶，茶汤的颜色、香气和味道会大大降低，茶汤会变得又黑又暗。如果水质含有更高的碱度或铁，茶汤会变得又苦又涩，影响口感。天然泉水属于轻水，适合泡茶；溪水、河水和井水水性较硬，不适合泡茶。

对水的讲究，有一则关于王安石与苏轼的传说。王安石是一个精于茶道的雅士。冯梦龙《警世通言》中的"王安石三难苏学士"就讲述了这样一个故事：

有一年王安石请在黄州为官的苏轼前来叙旧，顺便捎带一瓮瞿塘中峡的水，用来冲泡阳羡茶。苏轼如约来访并带来了一瓮水，泡茶之后，王安石一见茶色，皱起眉头说："你这水是从哪里取来的？"苏轼回答："瞿塘中峡。"王安石笑道："此水是下峡之水。"苏轼大惊，忙问："您是怎么分辨出来的呢？"

王安石说："上峡的水，水性太急；下峡的水，水性又太缓；只有中峡的水是缓急相半，中和相当。故用上峡之水，茶味太浓；下峡之水，茶又太淡。唯有中峡之水，才不浓不淡，恰到好处。你看这茶，茶色半晌才开始出现，这不明摆着就是下峡之水吗？"

原来，苏轼在过三峡时，陶醉在大自然的景观中，等他回过神时，船已至下峡，只好取下峡之水，苏轼不禁叹服。

选水不但要用上等的泉水，煮水还要讲究火候。《茶经·五之煮》曰："其沸，如鱼目，微有声，为一沸；缘边如涌泉连珠，为二沸；腾波鼓浪，为三沸。已上水老，不可食也。初沸，则水合量调之以盐味，谓弃其啜余。"这段话的意思是说，煮水时，当水沸腾冒出像鱼眼般的水泡，有轻微的响声时，就是"一沸"。锅边缘四周的水泡像连珠般涌动时，称作"二沸"。当水像波浪般翻滚奔腾时，已经是"三沸"。三沸以上的水若继续煮，水就过老不宜饮用了。水刚开始沸腾时，按照水量加入适当的盐以调味，把剩下的那点水泼掉。水温对茶味的影响极大，水温要恰到好处，水不开，不能达到激活水性的作用，水太老则会产生有害物质。有的人不懂煮茶，将泡茶的水反复煮沸，这是不科学的煮水方法。

煮出好茶，还要善于用"火"。传统的炭火煮茶，火候温和均匀，能让茶叶慢慢释放出香气。而现代的电陶炉等工具，也能通过精准的控温来达到理想的煮茶效果。陆羽在《茶经·五之煮》中说："其火用炭，次用劲薪。"陆羽对煮茶的燃料做了介绍。用火要以强劲而又不损茶味为重。上等的火是木炭，其次是力大强劲的木材。因为炭火火力通彻，又没有火焰，没有火焰就不会有烟，没有烟就不会侵损茶味。今天，在大城市里用火炉、木炭煮水已经很难做到，大多用电炉，火力自然没有木炭强劲，但保持一定的水温还是可以做到的。

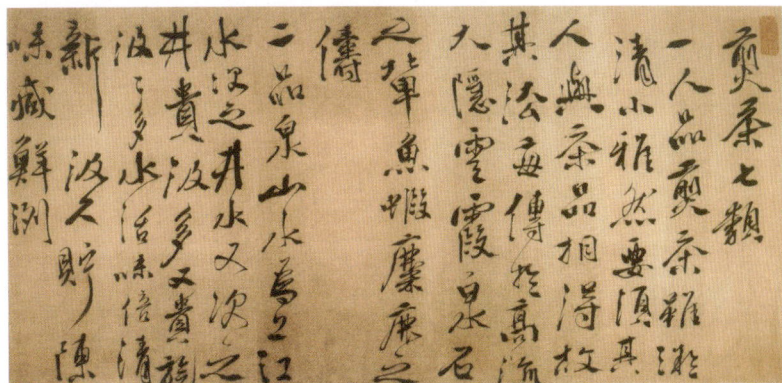

（明）徐渭《煎茶七类》（局部）

据测定，用60℃的开水冲泡茶叶，与等量100℃的水冲泡茶叶相比，在时间和用茶量相同的情况下，茶汤中的茶汁浸出物含量，前者只有后者的45%～65%。这就是说，冲泡茶的水温高，茶汁浸出速度快；冲泡茶的水温低，茶汁浸出速度慢。"冷水泡茶慢慢浓"，说的就是这个意思。

泡茶的茶水一般以煮开的沸水为好，这时的水温约95℃。水温过高的沸水会破坏维生素C等成分，而且咖啡碱、茶多酚很快浸出，使茶味变得苦涩；水温过低则茶叶浮而不沉，内含的有效成分浸泡不出来，茶汤滋味寡淡，不香、不醇、淡而无味。

泡茶水温的高低，还与茶叶的品类有关，一般情况下，绿茶需要较低的水温冲泡，通常70℃～80℃为宜；红茶可以使用较高的水温进行冲泡，通常85℃～95℃为宜；乌龙茶的冲泡水温相对比较高，通常用90℃～100℃的水温冲泡。当然还与茶叶的老嫩、松紧、大小有关。大致说来，原料粗老、紧实、整叶的茶叶，与原料细嫩、松散、碎叶的茶叶相比，茶汁浸出要慢得多，所以，冲泡水温要高一点。

茶叶冲泡时间差异很大，且与茶叶种类、泡茶水温、用茶数量和饮茶习惯等都有关。如用茶杯泡饮普通红茶与绿茶，每杯放干茶 3 克左右，用沸水 150 ~ 200 毫升，冲泡时宜加杯盖，避免茶香散失，时间以 1 ~ 3 分钟为宜。时间太短，茶汤色浅淡；时间过长，茶泡久了，增加茶汤涩味，香味还易丧失。不过，新采制的绿茶冲水可不加杯盖，这样汤色会更艳。如果用茶量多，冲泡时间宜短，反之则宜长。质量好的茶，冲泡时间宜短，反之则宜长。

茶的滋味是随着时间延长而逐渐增浓的。据测定，用沸水泡茶，首先浸提出来的是咖啡碱、维生素、氨基酸等，大约到 3 分钟时，含量较高。这时饮起来，茶汤有鲜爽醇和之感，但缺少饮茶者需要的刺激

日常茶水

味。随着时间的延续，茶多酚浸出物含量逐渐增加。因此，为了获取一杯鲜爽甘醇的茶汤，对红茶、绿茶而言，头泡茶以冲泡后 3 分钟左右饮用为好，若想再

饮，到杯中剩有三分之一茶汤时，再续开水，以此类推。

对于注重香气的乌龙茶、花茶，泡茶时，为了不使茶香散失，不但需要加盖，而且冲泡时间不宜长。第一泡冲泡时间在 1 分钟以内，自第二泡开始，每次应比前一泡增加 15 秒左右，以后每增加一泡时间都可以适当延长，通常 1～3 分钟即可，这样茶汤浓度不会相差太大。

白茶冲泡时，要求沸水的温度降至 70℃ 左右再冲泡，一般在 4～5 分钟后，浮在水面的茶叶才开始徐徐下沉，这时，品茶者应以欣赏为主，观茶形，察沉浮，从不同的茶姿、颜色中使自己的身心得到愉悦，一般到 10 分钟，方可品饮茶汤。否则，不但失去了品茶艺术的享受，而且饮起来淡而无味，这是因为白茶加工未经揉捻，细胞未曾破碎，所以茶汁很难浸出，以至浸泡时间须相对延长，同时只能重泡一次。

在煮茶的阶段，陆羽讲述了器、水、火三者的和谐统一，体现了协调、适度的中和思想，是和谐理念在煮茶中的运用。

（明）陈洪绶《品茶图》（局部）

煮一盏好茶，要茶、器、水俱佳才能做到。上好之茶，如无水佐之，则如同没有得到辅助。茶、水俱佳，如无好壶，同样无功。正如中药的方剂一样，君臣佐使要相配合，才能获得真味。有好茶、好水、好壶而无好器，同样未能体悟好茶。

三、品茶：养生、养德、养心的和谐统一

陆羽主张品茶将养生、养德和养心和谐统一，把品茶作为物质、行为和精神的和谐统一，实现人身心的和谐，进而促进个人与自然、个人与社会的和谐。

陆羽认为品茶是人自身与自然界的融合。品茶首先是养生。他在《茶经·一之源》中说："若热渴、凝闷、脑疼、目涩、四肢烦、百节不舒，聊四五啜，与醍醐、甘露抗衡也。"意思是说，人们如果发热口渴、胸闷、头疼、目涩、四肢疲劳、关节不畅，只要喝上四五口茶，其效果与最好的饮品醍醐、甘露相当。在《茶经·七之事》中，他引用《本草·木部》的话说："茗，苦茶。味甘苦，微寒，无毒。主瘘疮，利小便，去痰渴热，令人少睡。秋采之苦，主下气消

食。"意思是说，茗，就是苦茶。味甘苦，性微寒，无毒，主治瘘疮、利尿、去痰、解渴、散热，使人少睡。秋天采摘的茶叶味苦，能通气，助消化。《神农本草经》中记载："茶叶苦，饮之使人益思、少卧、轻身、明目。"

李时珍在《本草纲目》中说："茶苦而寒，阴中之阴，沉也降也，最能降火。火为百病，火降则上清矣。然火有五，火有虚实。若少壮胃健之人，心肺脾胃之火多盛，故与茶相宜。温饮，则火因寒气而下降。热饮，则茶借火气而升散。又兼解酒食之毒，使人神思阔爽，不昏不睡，此茶之功也。"

清代黄宫绣在《本草求真》中说："茶味甘气寒，故能入肺清痰利水，入心清热解毒，是以垢腻能涤，炙煿能解。凡一切食积不化，头目不清，痰涎不消，二便不利，消渴不止，及一切吐血、衄血、血痢、火伤目疾等症，服之皆有效。"明人顾元庆在《茶谱》中谈得更系统全面，他说："人饮真茶能止渴、消食、除痰、少睡、利水道、明目、益思、除烦、去腻，人固不可一日无茶。"清人王士雄《随息居饮食谱》中亦说到茶的功用："茶，微苦微甘而凉。清心神，睡醒除烦；凉肝胆，涤热消痰；肃肺胃，明目鲜温，不渴者勿饮。"宋代吴淑《茶赋》："夫其涤烦疗渴，换骨轻身，茶荈之利，其功若神。"

现代科学的研究表明，茶含有人体所需的茶多酚、氨基酸、蛋白质、糖类、咖啡碱等成分，对人体有较高的营养价值，还有一定的药用价值，也是一种保健饮料。

茶叶是一种复杂的天然物质，其成分相当丰富。茶的鲜叶中有两大化合物成分，即水分和干物质，其中水分约占 75%，干物质约占 25%。茶叶干物质的化学成分是由有机化合物和无机化合物组成，共有 30 多种基本元素，其中决定茶叶品质的是有机化合物，主要有以下几种[①]：

1. **茶多酚**：茶多酚是茶叶中的主要化合物，是多酚类化合物的总称，也叫茶鞣质、茶单宁，占干物质总量的 18% ~ 36%，茶多酚种类主要包括儿茶素类、黄酮类、花青素类、酚酸与缩酚酸类等。

---

① 根据《茶叶密码》相关内容编写。参见郝连奇：《茶叶密码》（第二版），武汉：华中科技大学出版社 2023 年版，第 20 - 78 页。

2. **茶色素**：茶色素是一类存在于茶树鲜叶和成品茶中的有色物质，是构成茶叶外形、汤色、叶底色泽的成分，其含量变化对茶叶品质有很大影响。茶叶中的色素包括叶绿素、叶黄素、胡萝卜素等。

3. **生物碱**：茶叶中的生物碱主要包括咖啡碱、茶叶碱和可可碱，其中咖啡碱是茶叶中最主要的生物碱，所以茶叶具有提神醒脑的作用。

4. **氨基酸**：茶叶中的氨基酸使其味道具有鲜爽的特点，是组成茶叶滋味最重要的四类物质（茶多酚、氨基酸、咖啡碱、糖类）之一，茶汤口感好不好，很大程度上取决于这四类物质的含量与比例关系。茶叶中含量较高的氨基酸是茶氨酸，它对茶叶的滋味和香气有重要影响，并且具有一定的生理活性。

5. **糖类**：糖类又称碳水化合物，是植物光合作用的初级产物。茶叶中的糖是决定茶汤浓度和滋味的重要物质，我们品茶时感受到的回甘就是糖类发挥的作用。

6. **芳香物质**：茶叶香气也是决定茶叶品质的重要因子之一，茶叶中的香气成分非常复杂，不同的茶香实际上是不同芳香物质以不同浓度的组合的表现。

7. **皂苷**：茶叶中的皂苷又名皂素、皂角苷或皂草苷，是一类比较复杂的糖苷类化合物，其特点是味苦辛辣，难溶于冷水，易溶于热水，溶液能产生类似肥皂样的泡沫。泡茶时出现的泡沫就是茶皂苷形成的。

除上述七种物质之外，茶叶中还含有多种维生素、矿物质、有机酸。维生素有维生素 C、维生素 B 族、维生素 E 等；矿物质包括钾、磷、钙、镁、铁、锰、锌、硒等；有机酸包括苹果酸、柠檬酸、草酸等。茶叶的这些化学成分共同决定了茶叶的色泽、香气、滋味和保健功能。不同的茶叶种类和加工工艺会导致这些化学成分的含量和比例有所不同，从而形成不同的品质特征。

饮茶可以补充人体所需的多种维生素、蛋白质和氨基酸；可以补充人体需要的矿物质，增加免疫力；可以强身健体，甚至延缓衰老。据实验证实，一杯 300 毫升的茶抗氧化的功能等于一瓶半红葡萄酒，茶多酚可以杀灭大肠杆菌等。有人概括了茶的多种功效：生津、和胃、消食、明目、养气、益智、美容、减肥、利尿、通便、清热、解毒、消炎、防癌、抗辐射、降血压、防治心血管疾病等。

茶功效最大的有几条：一是提神醒脑，令中枢神经兴奋，使思维更加敏捷，提高思维效率；二是利尿，有助于排出身体多余的水分和废物，减轻身体负担；三是助消化，茶叶中的茶多酚等物质可以促进肠胃蠕动，增加消化液的分泌，从而改善消化功能；四是强心解痉，改善血液循环，促进心脑血管的健康。

陆羽不仅把品茶看作养生，同时与养德、养心融为一体。他在《茶经·五之煮》中说："茶性俭，不宜广，广则其味黯澹。"他在《茶经·七之事》中引用了《神农食经》："茶茗久服，令人有力、悦志。"他说《神农食经》记载：长期饮茶，使人精力饱满，心情愉悦。茶最能体现茶德以及茶人的品德。茶，利益众生，泽福天下，是"仁爱"之德；茶，经历了采、制、成的过程，历经金木水火土等诸般变化，是"刚毅"之德；茶，中气平和，泽润腑脏，太和元正，是"中正"之德；茶，集日月之精华，采天地之灵气，外形清秀，香味清幽，是"清廉"之德。人们品茶的过程，也是悟德、行德的实践。品茶还让我们领略大自然的清明空灵之意，不仅能澄心净虑，更能修心养性，享受旷达、自由的人生。

品茶不仅养德，而且养心。在进行茶事活动中，品茶者首先要调整好自己的心态，以平和、谦恭的姿态去接待茶客，以礼待人；其次要以平等的态度待客，不偏不倚，给客人分茶、斟茶要恰到好处，可斟七分满，以留余地；再次是要有专注心，小口细品，心神合一，体悟真味。

俗话说："君子之交淡如水，茶人之交醇如茶。"茶如人生，人生如茶。茶者，味涩后甘，有如人生只有历经辛酸才能倍感成功的香醇。茶的冷热，有如人情的冷暖，世间百态。品茶的一起一落，象征着人生要提得起放得下。炎热的夏天，一杯清茶解渴消暑，寒冷的冬天，一杯清茶温暖全身。茶之不浓不淡，不近不远，不即不离，不亲不疏，浓淡适度，温暖常在，这就是"和合"的境界。

在种茶、制茶、煮茶到品茶的过程中，"天地人和"的茶道精神得到充分的体现，尤其在茶事活动中更是表现得淋漓尽致。比如制茶时，焙火温度不能过高，也不能过低；泡茶时，要把握好茶量、水温和时间，达到"酸甜苦涩调太和，掌握迟速量适中"的适度之美；分茶时，要用公道杯给每位客人均匀地分茶；待客时，要符合中国礼仪规范，表现"奉茶为礼尊长者，备茶浓意表浓情"的明礼人伦；在饮茶中，要学会鉴赏、欣赏，表现"饮罢佳茗方知深，赞叹此乃草中英"的谦和之礼；在品茶的过程中，要表现"普事故雅去虚华，宁静致远隐沉毅"的平和心态。

中国的名茶，色彩纷呈，各具风姿。黄山毛峰是淡黄，祁门红茶是红艳，潮州凤凰单丛是鹅黄，西

（清）吕焕成《蕉阴品茗图》（局部）

117

湖龙井是碧绿，普洱是褐紫。总之，不管茶的颜色是什么样的，都有一个共同的特点，茶汤是清亮的。茶叶自古亦称香茗，它与香气伴生，以香气取胜。好的茶叶闻起来香气四溢，冲泡后散发出特有的茶香，有清新的，也有浓郁的。好茶的味，在"啜苦咽甘"之间，陆羽在《茶经·五之煮》中说："其味甘，槚也；不甘而苦，荈也；啜苦咽甘，茶也。"茶汤入口虽有点苦，但进入咽部却有回甘，这就是好茶的味道。总之，"天地人和"就是阴阳协调，保合太和之元气以普利万物的人间大道。

第四讲

茶礼：『精行俭德』

中国是礼仪之邦，素来就有客来敬茶、以茶待客、以茶会友的礼俗。这一礼俗已经成为日常生活礼仪，客来宾至，清茶一杯，以表敬意，洗风尘，叙友情，示情爱，重俭朴，去浮华，成为人们对生活的一种高尚的理解，也成为中国茶道的表现方式。

茶是纯洁、中和、美味的物质，中国的茶礼与茶德密切相关，是"真、仁、清、俭、和、敬"等茶德的体现。茶礼作为品茶人在品茶的过程中应当遵循的礼仪规范，根植于茶的核心精神，是茶道、茶德的表现形式。

陆羽在《茶经·一之源》中说："茶之为用，味至寒，为饮，最宜精行俭德之人。"他在这里讲的"精行俭德"，其实表达的就是茶礼。对于"精行俭德"的理解，有人把落脚点放在俭德上，认为是致力于实行勤俭的道德。这种看法未能准确地理解陆羽的思想，我认为"俭德"是茶的内在本质，"精行"则是其表现形式，这就是精神、道德与礼仪的关系。"俭德"不仅是节约、节俭的行为方式，而且也是简约、清静、谦逊的精神、情操，"精行"则是谦和、恭敬的行为规范。"精行俭德"是茶的礼仪内涵。日常生活中的茶礼是社交礼仪的一部分，是中国传统文化"尊老敬贤"和"和为贵"的体现，是人伦之礼。

一、茶礼的宗旨：传情

茶礼以人为中心，以茶为媒，是沟通、增进感情的一种方式，体现为表达人与人之间的"友情"，夫妻之间的"爱情"等情感关系，这些关系是从茶汤向茶情的转化。

（一）传友情

"有朋自远方来，不亦乐乎"，"客来敬茶"是中国人的待客之礼。郑清之有诗句："一杯春露暂留客，两腋清风几欲仙。"黄庭坚也有诗云："唤客煎茶山店远，看人秧稻午风凉。"晋代王蒙的"茶汤敬客"，陆纳的"茶果待客"，桓温的"茶果宴客"至今仍被传为佳话。"以茶敬客"成为一种民族礼俗。中国各地以茶待客的习俗丰富多样，南、北有各自的特色。在潮汕地区，或家人闲聚，或宾客来访，沏一壶好茶，殷勤一声"请食茶",给人亲切的感觉。对来客敬茶以示欢迎和尊敬,这是热情好客的表现,也是促进人际关系和谐的一个途径。

中国茶道无论是外在形式还是参与者的内在修养,客观上都是为了使人们在和谐、有礼、谦敬、尊重的良好氛围中,交流思想,融洽感情,增进友谊。

客到敬茶,是中国普遍的礼仪。到了清代,形成了"客至进茶,通行之礼"。《红楼梦》中凡是有亲戚朋友来,一般都有以茶待客的描写。第一回,甄士隐命小童献茶,招待贾雨村;第三回,王夫人命丫鬟捧茶招待刚来贾府的林黛玉;第二十六回,贾芸进见宝玉,袭人端来了茶,贾芸忙站了起来,笑道:"姐姐怎么替我倒起茶来?"第四十一回,贾母、宝玉等人到翠栊庵,妙玉以各种名茶招待。最为隆重的以茶待客之礼是元妃省亲的时候,这位皇妃娘娘回归贾府时,那礼仪太监请元妃升座受礼,举行"茶三献"隆盛礼仪。每一次献茶都要叩头礼拜,三献之后,元妃随即降座,奏乐方止。

（明）文徵明《茶事图轴》

以茶叶作为礼品，也是一种普遍的习俗。其最大的特点是"惠而不费""物轻意重"。《红楼梦》中"以茶赠友"的习俗描写很突出，表现为亲友之间相互赠茶。第二十回写王熙凤送暹罗贡茶给林黛玉；第二十六回写宝玉给林黛玉送茶："（丫头佳蕙）笑道：'我好造化，宝玉叫往林姑娘那里送茶叶，花大姐姐交给我送去。可巧老太太那里给林姑娘送钱来，正分给他们的丫头们呢。见我去了，林姑娘就抓了两把钱给我，也不知多少。'"第二十九回写道："冯紫英家听见贾府在庙里打醮，连忙预备了猪羊香烛茶银之类的东西送礼。"可见，茶叶成为亲朋好友之间联络感情的纽带，赠送茶叶成为人际交往的一种方式。今天，我们访客带一盒茶叶作为手信，仍然是一种风俗习惯。

（二）示爱情

　　在传统的婚姻习俗中，有"奉茶""交杯茶"等仪式。朱熹把这套礼仪概括为"三茶六礼"，三茶，指订婚时的"下茶"、结婚时的"定茶"和同房时的"合茶"。六礼，指从求婚至完婚的整个过程，包括纳采、问名、纳吉、纳征、请期、亲迎等六种仪式。每一步仪式，均与茶相关，都表现着人们对待婚姻的忠诚和对爱情的珍惜。

婚礼中为什么要注重茶礼？这是因为"茶"象征坚贞和多子。明人许次纾在《茶疏》中说："茶不移本，植必子生。古人结婚，必以茶为礼，取其不移植子之意也。今人犹名其礼为下茶，亦曰吃茶。"因茶树移植则不生，种树必下子，所以在古代婚俗中，茶便成为坚贞不移和婚后多子的象征，婚娶聘物必定有茶。《品茶录》说："种茶必下子，若移植则不复生子，故俗聘妇，必以茶为礼，义故有取。"原来，古人认识到茶树不可移植插播，只能由种子萌芽成株，所以用茶树象征坚贞不移的爱情美德，茶礼成为婚礼上不可缺少的环节。《红楼梦》第二十五回中，有王熙凤打趣林黛玉："既吃了我们家的茶，怎么还不给我们家做儿媳妇儿？"在潮汕地区的婚礼中，有一个环节，就是新娘给家公、家婆行"敬茶礼"，通常长辈喝了"敬茶"之后，要回礼，给"红包"或首饰之类的礼品留作纪念，这个"茶礼"表达了入门媳妇的恭敬和感恩，也预示着婚后母慈子孝，阖家幸福。

茶叶还因为被视为圣洁之物，通常也作为祭祀物品，是向天地、神灵、鬼魂、先祖、菩萨表达虔诚敬意。

《红楼梦》第五十八回"杏子阴假凤泣虚凰　茜纱窗真情揆痴理"中，宝玉听说演小旦演员的药官逝去，很是悲痛，即以清茶一杯亡祭。第七十八回"老学士闲征姽婳词　痴公子杜撰芙蓉诔"中描述了晴雯死后，宝玉备了"群华之蕊，冰鲛之縠，沁芳之泉，枫露之茗"致祭于晴雯，且云："四者虽微，聊以达诚申信。"其中群华之蕊、冰鲛之縠、沁芳之泉、枫露之茗都是清净洁白之物，前三者分别象征晴雯出众的美貌、冰清玉洁的品质以及单纯直爽的性格，表达了宝玉的怀念之情。

二、茶礼的神态：恭敬

中国茶礼以"恭敬"为表现形式，在茶道的各种仪式和礼节中，人们通过言谈举止、环境等来凸显"恭敬"的理念，这是内心敬意的自然流露。茶礼中的恭敬，从思想渊源上看，也是中国传统文化在茶道中的具体体现。儒家主张将"恭敬"作为待人处世的道德准则，真诚地尊重他人，并且把它作为待人的重要表现。《礼记·乡饮酒义》中说"圣立而将之以敬，曰礼"，意思是说，圣明既立，而又持之，以敬，就叫作礼。"恭敬"不仅构成了中国孝道文化的心理基点，同时也是人际交往的基本原则，是礼的体现。

在各种礼仪形式中，假如没有内心的"敬"，礼仪就会变成造作、作秀，甚至是一种虚伪。"敬"表现为对人尊敬，对己谨诚，显现为人的神态的诚恳，无轻藐虚伪之态。茶礼中的"恭敬"，主要是针对主人而讲的。主人作为东道主，以茶待客，有许多讲究，主要表现在敬茶的四个环节：备茶、取茶、敬茶、续茶。在备茶中，茶具要洁净，待宾客坐定后，询问客人是否对所饮的茶有特殊的要求。在取茶中，按照茶叶的品种决定投放量，尽量不用手抓，以免手气或杂味混杂，影响茶叶的品质。在敬茶中，茶杯应放在宾客右手的前方。当宾主边谈边饮茶时，要及时添加热茶，体现对宾客的敬重。

中国传统茶道文化的基本礼仪，主要有"四礼"：

(一) 鞠躬礼

鞠躬礼通常用在茶艺人员迎宾、茶艺表演及送客的时候，鞠躬礼分为站式、坐式。行礼的时候，站式双手要自然下垂、微弯，坐式需将双手放在双膝前面。

(二) 伸手礼

伸手礼是茶事活动中常见的礼节，主要用于介绍茶具、茶叶、赏茶和请客人传递茶杯等。行伸手礼的时候，手指要并拢，大拇指往内靠，右手由胸前自然向右前伸，手心向上，同时讲：请、请观赏、谢谢等。

(三) 寓意礼

放置茶壶的时候，壶嘴不能正对着客人，否则表示请客人离开。泡茶最常用的方法为：凤凰三点头，即手提水壶高冲低斟反复三次，寓意是向客人三鞠躬表示欢迎。

（四）叩手礼

叩手礼意指用手指轻轻叩击茶桌来行礼，单指叩击茶桌两三下，表示谢谢你的寓意。有的地方，前辈给晚辈倒茶时，晚辈必须双指叩击茶桌以示敬谢。

为宾客敬茶时，要注意四个细节：一是茶浅酒满。俗话说，"酒满敬人，茶满欺人""茶倒七分满，留下三分是情分""七分茶三分情"，奉茶时倒往茶杯里的茶水不要太满，以七八分满为宜。水温不宜太烫，以免客人不小心被烫伤。如茶水满茶杯，不但烫嘴，还寓有逐客之意。二是敬茶动作。上茶时应向在座的人说声"请用茶"，再以右手端茶，从客人的右方奉上，面带微笑，眼睛注视对方并说："这是您的茶，请慢用！"三是敬茶表情。敬茶时敬茶人的表情要温文尔雅、笑容可掬、亲切端庄，以给宾客留下良好的印象。四是敬茶顺序。要"先尊后卑，先老后少"，先为客人上茶，后为主人上茶；先为主宾上茶，再为次宾上茶；先为长辈上茶，后为晚辈上茶；先为女士上茶，后为男士上茶。

三、茶礼的表现：仪态

仪，是一种礼仪，"仪者宜也"。仪，也就是适宜。茶的礼仪体现了敬茶人和品茶人的品位与修养，是一个人学识修养、内涵气质、交际能力的外在表现。主人要讲究"请、端、斟"，客人则要注意"接、端、饮"等动作。

对敬茶人来说，在言谈举止上要注意以下几个方面：

（唐）周文矩《饮茶图》

一是不要以头泡茶待客。主人冲茶时，头泡茶必须冲泡后倒掉。因为头泡茶是洗茶，茶在采摘、制作、运输的过程可能附上一些杂质，故有"头冲洗茶，二冲茶叶"之称，要是让客人喝头茶就是欺侮人家。

同时，"头泡茶"起着润茶的作用，茶的味道尚未散发出来，类似于"醒酒"，所以，一般弃之不喝。

二是新客来访要换茶。宾主喝茶时，中间有新客到来，主人要表示欢迎，如茶已冲泡过三四次，应立即换茶叶，否则被认为"慢客""待之不恭"。换茶叶之后的二冲茶要新客先饮。

三是不让客人喝"无色茶"。主人待茶，茶水从浓到淡，数冲之后如已淡而无味，要适时换茶，如不更换茶叶会被人认为"无色茶"。"无色茶"是对客人冷淡、不尽地主之谊的表现。

四是不要茶满伤手。俗话说"酒满敬人，茶满欺人"，由于茶是热的，太满接手时茶杯很热，这就会使客人的手被烫，有时还会因被烫致使茶杯掉地而打碎，造成难堪的局面。

作为客人，应注意如下礼仪：

一是适时答谢。主人为自己上茶时，在可能的情况下，应当即起身站立，或欠身点头双手捧接，并说"多谢"。不要视而不见，不理不睬。当其为自己续水时，亦应以礼相还。

二是注意细节。客人喝茶提茶杯时不能任意把杯脚在茶盘沿上擦，茶喝完放茶杯要轻放，不能让茶杯发出响声，防止给人以举止粗俗之感。

三是客人喝茶时不能皱眉。这是因为主人发现客人皱眉，就会认为人家嫌弃自己的茶不好，不合口味。

（唐）周昉《调琴啜茗图卷》（局部）

第五讲

茶艺：『精致雅美』

中国茶道经历了一个发展过程，标志着"清饮"的三个层次：一是"饮茶"，将茶当饮料喝解渴，大碗喝茶，如《红楼梦》妙玉所说的"牛饮"；二是"品茶"，注重茶的色、香、味俱佳，讲究茶、水、器的和谐统一，细细品味，经历闻、饮、品、悟的过程；三是"赏茶"，讲求茶、人、环境的和谐统一，把喝茶上升为追求真、善、美的统一，从人的味觉、嗅觉、视觉上升到心觉，把喝茶作为一种精神享受和审美活动，不仅把喝茶作为满足止渴、消食、提神的需要，还把喝茶作为提升人的精神境界、感悟人生真谛的追求和审美过程，这就是茶艺。茶艺是中国茶道的最高形态，是品茗的升华，是茶的生命与人的心灵的结合。人们在喝茶中不仅仅要求满足"口福"，更多的是表达情趣的寄托、精神的享受、审美的愉悦，一如咏诗、观画、听曲。从此，品茶也就成为国人的文化修养、文化品格和审美享受的独特展示和标识方式。

　　从唐代开始，"茶"与"艺"联姻；宋代之际，"茶艺"逐步形成完备的形态。随着宋代饮茶风气的形成，茶艺也更为精细。经过明代、清代的发展，形成了风格独特的茶艺，尤其以广东潮汕和福建漳泉等地区的工夫茶最具代表性。茶艺与茶道互为表里，饮茶有道，品茶有术。茶艺重技巧、重器具、重水茗，是茶道的载体；茶道主魂，因茶生境、生情，进而生理，茶因艺而得道，茶道是茶艺的灵魂，茶艺"以道驭艺"，茶艺是茶道的表现，载茶道而成艺，必须"以艺示道"。

在生活实践中，茶艺形成了三个层次，即技巧、艺术和审美。下面，对茶艺的三个层次做一些分析。

现代人的茶事生活

玉液回壶（茶入公道杯）

一、茶的技艺：精妙

茶艺首先是泡茶和饮茶的技巧。泡茶的技巧，包括茶叶的识别、茶具的选择、泡茶用水的选择等。而饮茶的技巧则是对茶汤的品尝、鉴赏，对色、香、味、韵的体味，以及待客的基本礼仪。

陆羽在《茶经》中没有使用"茶艺"一词，但对"茶饮"有精辟的论述，他在《茶经·六之饮》

中说："茶有九难：一曰造，二曰别，三曰器，四曰火，五曰水，六曰炙，七曰末，八曰煮，九曰饮。"意思是说，茶要做到精致则有九大难点：一是制造，二是鉴别，三是器具，四是取火，五是择水，六是烤炙，七是研末，八是烹煮，九是品饮。陆羽在这里将"茶饮"讲得极致，其实是在讲茶艺，这也是中国茶艺的最初表达。

陆羽在《茶经》中主张清饮，他认为人在吃、住、穿上虽然可以做到精致的程度，但很难达到精妙。他讲到了技巧上有九难，即造茶、选茶、择器、取火、择水、炙茶、碾茶、煮茶、饮茶，即从采摘制作茶叶开始直至饮用的全过程，假如有一个环节做得不适当，都不能体悟到饮茶的精妙。

关于品饮茗茶的技艺，精妙的泡茶技艺必须具有精茶、真水、活火、妙器。通过清、活、轻等辨别水质的优劣，采用紫陶作为茶器，通过色、香、味、形分辨茶品的高下。

在茶艺的品鉴中，要看茶的形状，凡是质地匀齐、紧实、干燥为好茶；要看茶的色泽，好茶必须是清澈、鲜艳、明亮；要闻茶的香味，清香、悠长，不

茶样

能有陈味、霉味和其他异味，饮用要有滋味，浓烈、鲜爽、醇厚为好茶。要做到三回味：一是舌根回味甘甜，满口生津；二是齿颊回味，甘醇留香；三是喉底回味，气脉畅通，好像五脏六腑都得到滋润，使人心旷神怡，飘然欲仙。还要善于品味，细细地做到品茶六味，如，轻：入口轻扬，过舌即空；甘：后味回甘；滑：口感爽滑；嫩：无粗老之感；软：无生硬之感；厚：无淡薄之感。

泡茶是品茶的前提和基础，如潮州的工夫茶之功夫，全在茶之烹法，虽有好的茶叶、茶具，若不善泡，将前功尽弃。潮州工夫茶的烹法，有所谓"十法"，即活火、虾须水、拣茶、装茶、烫盅、热罐、高冲、盖沫、淋顶与低筛。也有人把烹制工夫茶的具体程序概括为："高冲低洒，盖沫重眉，关公巡城，韩信点兵"，或称"八步法"。工夫茶茶艺的最大亮点是把"关公巡城""韩信点兵"作为独特的冲泡环节，使它们成为潮州工夫茶的独有程式。可见，品茶是对泡茶成果的品鉴和享受，二者相辅相成，共同构成了茶文化的重要组成部分。

二、茶的艺术：雅趣

茶以独特的色、香、味、形、韵，给文人墨客无限的艺术灵感，成为他们表现的重要载体，品茶成为增添其生活情趣的重要手段。从而涌现了茶的诗词、歌赋、对联、成语、谜语、书画以及斗茶会、行茶会等娱乐方式。

陆羽在《茶经·七之事》中摘录了不少茶诗，在《茶经·十之图》中用图画的形式展示了茶的起源、采制工具、制茶方法、煮饮器具、煮茶方法、茶事历史、产地等内容。本节主要对具有典型意义的茶诗、茶赋、茶联、茶成语与俗语、斗茶会做一些介绍。

茗茶雅趣

（一）茶诗

明代朱权在《茶谱》中说："茶之为物，可以助诗兴，而云山顿色，可以伏睡魔而天地忘形，可以倍清谈而万象惊寒，茶之功大矣。"茶具有大自然之美，具有提神益思的功能，饮茶使人心旷神怡，产生对自然美、生活美、道德美、心灵美的联想，因而自古以来，茶就成为诗歌吟咏的对象。

诗意茶香，是茶艺的主要表现。古代的许多诗人创作了大量以茶为主题或在吟咏中涉及茶事的诗。

《诗经》是中国历史上第一部诗歌总集，其中收录多首与茶相关的诗作。如《谷风》："行道迟迟，中心有违。不远伊迩，薄送我畿，谁谓荼苦，其甘如荠。宴尔新昏，如兄如弟。"意思是说，迈步出门慢腾腾，脚儿移动心不忍。不求送远求送近，哪知仅送到房门。谁说苦菜味最苦，在我看来甜如荠。你们新婚多快乐，亲兄亲妹不能比。这里讲的"荼（苦菜)"就是"茶"。

唐代，不仅是盛产唐诗的时代，也是茶诗最多的时代，一部《全唐诗》，茶诗近千首。诗人李白、杜

甫、白居易、皮日休等人的咏茶诗更是灿烂辉煌，光照人间。从这些茶诗中，可以看到不仅豪门雅士尚茶，寻常百姓也俱以茶茗为饮。杜甫《寄赞上人》："柴荆具茶茗，径路通林丘。"钱起《过张成侍御宅》："杯里紫茶香代酒，琴中绿水静留宾。"张籍《和韦开州盛山十二道·茶岭》："自看家人摘，寻常触露行。"从这些诗歌的描写中，可以看到饮茶是一种普遍的现象。

陆羽也写过一首茶诗，叫《六羡歌》："不羡黄金罍，不羡白玉杯。不羡朝入省，不羡暮入台。唯羡西江水，曾向竟陵城下来。"这首诗通篇不着一个"茶"

142

（宋）钱选《卢仝烹茶图》

字，却仿佛让人闻到了茶香，充分体现了陆羽淡泊权位、志趣高雅的品性和志向，是借茶表达自己的心志、心态和心境。

陆羽在《茶经·七之事》中节选了几位诗人写的茶诗，第一首是左思写的五言诗《娇女诗》。诗云：

吾家有娇女，皎皎颇白皙。
小字为纨素，口齿自清历。
有姊字惠芳，眉目粲如画。
驰骛翔园林，果下皆生摘。
贪华风雨中，倏忽数百适。
心为茶荈剧，吹嘘对鼎䥝。

左思写的《娇女诗》原诗共五十六句，陆羽在这里仅选录十二句，其中个别字与原诗所载不同。诗的大意是：我家有娇女，肤色很白净。妹妹叫纨素，口齿很伶俐。姐姐叫惠芳，眉目美如画。跳跑园林中，未熟就摘采。爱花风雨中，顷刻百进出。见茶心高兴，心急欲饮之，对炉直吹气。

左思在《娇女诗》中描写了姐妹二人聪明活泼、

无忧无虑、嬉戏好动的性格。她们的嬉闹因煮茶而停止，姐妹俩人对着茶鼎的炉火使劲吹气的神态，栩栩如生。

第二首是张孟阳的《登成都楼诗》，诗云：

借问扬子舍，想见长卿庐。

程卓累千金，骄侈拟五侯。

门有连骑客，翠带腰吴钩。

鼎食随时进，百和妙且殊。

披林采秋橘，临江钓春鱼。

黑子过龙醢，果馔逾蟹蝑。

芳茶冠六清，溢味播九区。

人生苟安乐，兹土聊可娱。

张孟阳《登成都楼诗》又作《登成都白菟楼诗》，原诗三十二句，陆羽仅选录后面的一半。诗的大意是：请问扬雄的故居在何处？司马相如是哪般模样？程郑、卓王孙两大豪门积累巨富，骄横奢侈可比王侯五家。他们的门前经常车水马龙，宾客盈门，镶嵌翠玉的腰带上佩挂名贵的刀剑。家中钟鸣鼎食，各种各样新鲜、美味、精妙无比。秋季走进林中采摘柑橘，春天可在江边把竿垂钓。果品鱼肉的美味胜过龙肉之酱，瓜果做的菜肴鲜美胜过蟹酱。芳香的茶茗胜过各种饮料，美味盛誉，传遍全天下。如果寻求人生的安乐，那这块乐土（扬雄故里成都）还是能够让人们尽享欢乐的。

张孟阳即张载，西晋文学家，在诗中他用"芳茶冠六清，溢味播九区"对茶高度地加以赞扬。"六清"指《周礼》中记载的水、浆、醴、醇、医、酏六种饮料，张载认为茶比这六种饮料都好。"九区"就是九州，"溢味播九区"是说这茶的美名已经传遍九州了。

第三首是孙楚的《出歌》（亦作《歌》），诗云：

茱萸出芳树颠，鲤鱼出洛水泉。
白盐出河东，美豉出鲁渊。
姜、桂、茶荈出巴蜀，椒、橘、木兰出高山。
蓼苏出沟渠，精稗出中田。

这首诗的大意是：茱萸出于佳树顶，鲤鱼产于洛水泉。白岩出产于河东，美豉出产于鲁地湖泽。姜、桂、茶荈出产于巴蜀，椒、橘、木兰生长于高山。蓼苏生长在河渠，精米出产于田中。

孙楚是魏晋诗人。"茶荈出巴蜀"也是说茶的产地。巴蜀指中国西南四川盆地一带，这个说法符合历史事实，茶起源于我国的西南地区。

李白、杜甫、白居易、刘禹锡和卢仝等著名诗人都写下了富有哲理的茶诗。

李白听说荆州玉泉真公，因为饮一种名叫"仙人掌"的茶，虽已年过八旬，仍面如桃花。公元760年，诗仙李白经游栖霞寺时，僧人中孚赠李白自制的当阳"茶"，并煎茶请他品尝，李白作诗《答族侄僧中孚赠玉泉仙人掌茶》以表谢意："常闻玉泉山，山洞多乳窟。仙鼠如白鸦，倒悬清溪月。茗生此中石，玉泉流不歇。根柯洒芳津，采服润肌骨。丛老卷绿叶，枝枝相接连。"他这首诗描写了名茶"仙人掌"的出处、品质和功效。这首诗不仅是对茶叶的赞美，也是对茶文化的深刻探讨。

杜甫是一位现实主义诗人，他写的酒诗比李白少，但茶诗比李白多，《重过何氏五首》之三："落日平台上，春风啜茗时。石阑斜点笔，桐叶坐题诗。翡翠鸣衣桁，蜻蜓立钓丝。自今幽兴熟，来往亦无期。"他在《寄赞上人》说道："柴荆具茶茗，径路通林丘，与子成二老，来往亦风流。"在《巳上人茅斋》中云："巳公茅屋下，可以赋新诗。枕簟入林僻，茶瓜留客迟。"在《进艇》中云："茗饮蔗浆携所有，瓷罂无谢玉为缸。"诗人把他同友人品茶心情之愉悦，环境之优美，写得如同一幅高雅清逸的品茗图。

白居易流传下来的茶诗有 50 多首。他曾在庐山结草堂而居，过着架岩结茅屋、断壑开茶园的隐居生活，成为对茶叶生产、采制、煎煮与鉴别样样精通的行家，他在诗中记述了饮茶的生活和赠茶的礼俗。他在《睡后茶兴忆杨同州》中说："此处置绳床，傍边洗茶器。白瓷瓯甚洁，红炉炭方炽。沫下曲尘香，花浮鱼眼沸。盛来有佳色，咽罢余芳气。不见杨慕巢，谁人知此味。"在这里白居易写到了洁净的瓷器，红火的炉炭，煮沸的水花，飘扬的茶香，愉快的韵味。白居易常常将听琴与饮茶融为一体，他在《琴茶》中说道："琴里知闻唯渌水，茶中故旧是蒙山。穷通行止常相伴，谁道吾今无往还。"在中国的茶文化史上，以茶馈赠亲友是物轻情意重的礼品。白居易的好友一产新茶，就与他分享。白居易在《萧员外寄新蜀茶》中写道："蜀茶寄到但惊新，渭水煎来始觉珍。满瓯似乳堪持玩，况是春深酒渴人。"他把茶作为解酒之物，酒使人糊涂，茶使人清醒，可以说是最佳的配位。他还在《谢李六郎中寄新蜀茶》诗中说："不寄他人先寄我，应缘我是别茶人。"诗人自称是鉴别茶叶的行家。

唐人元稹写的一首一字至七字诗《茶》，呈现的是有趣的"宝塔形"，诗云：

茶

香叶，嫩芽。

慕诗客，爱僧家。

碾雕白玉，罗织红纱。

铫煎黄蕊色，碗转曲尘花。

夜后邀陪明月，晨前独对朝霞。

洗尽古今人不倦，将知醉后岂堪夸。

（明）仇英《写经换茶图》

　　这是一首宝塔诗，短短的 55 个字，从茶的自然性状、茶碾罗织、煎煮过程、饮茶情趣直至茶功做了全面咏唱。首先从茶的香嫩品质入手，到人们对茶的喜爱；从煮茶说到饮茶的习俗；从茶醒神到醒酒的功用。从物质层面上升到精神层面，尤其是"慕诗客，爱僧家"更是将茶拟人化了，"爱僧家"道出了茶与禅宗的密切渊源。僧人以茶敬施主，以茶供佛，以茶助禅功，僧人坐禅以茶驱睡意，有助于提高禅功，达到幽寂的境界。随着茶文化的对外传播，"寂"字已被一衣带水的近邻日本引为日本茶道精神之一。在众多的茶诗中，唐代卢仝的《七碗茶歌》（又名《走笔谢孟谏议寄新茶》）最为知名，称得上"史上最美茶诗"，堪称千古第一茶诗。全诗如下：

日高丈五睡正浓，军将打门惊周公。

口云谏议送书信，白绢斜封三道印。

开缄宛见谏议面，手阅月团三百片。

闻道新年入山里，蛰虫惊动春风起。

天子须尝阳羡茶，百草不敢先开花。

仁风暗结珠琲瓃，先春抽出黄金芽。

摘鲜焙芳旋封裹，至精至好且不奢。

至尊之余合王公，何事便到山人家？

柴门反关无俗客，纱帽笼头自煎吃。

《茶歌》（作者书法作品缩影）

碧云引风吹不断，白花浮光凝碗面。

一碗喉吻润，两碗破孤闷。

三碗搜枯肠，唯有文字五千卷。

四碗发轻汗，平生不平事，尽向毛孔散。

五碗肌骨清，六碗通仙灵。

七碗吃不得也，唯觉两腋习习清风生。

蓬莱山，在何处？

玉川子，乘此清风欲归去。

山上群仙司下土，地位清高隔风雨。

安得知百万亿苍生命，堕在巅崖受辛苦！

便为谏议问苍生，到头还得苏息否？

卢全的《七碗茶歌》分为三个层次，从茶的物质层面，到茶的精神层面，再到同情茶农的辛劳，写了饮茶的特殊感觉和对现实社会的关心。全诗写得挥洒自如、层层推进，从物景、情景到心境，把茶道思想境界推进巅峰。

第一部分是诗的"缘起"，交代故事的起因。"日高丈五睡正浓"到"手阅月团三百片"，写卢全收到孟谏议将军送来的新茶，新茶用白绢包裹再盖三道红印，可见茶的珍贵，"见字如面"，倍感亲切，蕴含了他们的友情，看完书信之后便亲手检点朋友送来的月团茶。从"闻道新年入山里"到"白花浮光凝碗面"，写了茶的采摘和焙制，然后描写茶叶的采制和煮茶的过程。用"至精至好且不奢"，彰显了茶的精致和两人友谊的深厚。"闻道新年入山里""柴门反关无俗客"，均表现卢全首先有甘于清贫的清正之节，有高雅的精神生活追求，茶非俗客。

第二部分描写了饮茶的感受，是这首诗的精华。从"一碗喉吻润"到"唯觉两腋习习清风生"，从解渴、破闷到激发创作欲望，释放内心沉重的压抑，一直到百虑皆忘，飘摇欲仙；"孤闷""枯肠""唯有文字五千卷"和"平生不平事"等词句写出了卢仝对自己、对社会的无限感慨，感叹自己学富五车却只是一介隐士，与"肥肠"的王公贵族形成对比，表达对现实的悲慨和对茶农的同情。

"一碗喉吻润"，这是口中生津，喉咙得到滋润，这是生理感受。"两碗破孤闷"，直抒胸臆，茶乃醒世之物而非以酒解愁，孤独和烦闷一扫而光，这是心理感受。"三碗搜枯肠，唯有文字五千卷"，这是因为茶可以提神醒脑，使人文思泉涌，这是精神感受。"四碗发轻汗，平生不平事，尽向毛孔散"，茶和风细雨般的力量将诗人平生所遇的种种不快和心中郁结都散发到体外，何以解忧，唯茶是求。"五碗肌骨清，六碗通仙灵，七碗吃不得也，唯觉两腋习习清风生。"从第五碗到第七碗，则纯粹是卢仝由物质到精神的一种感受和升华，是一种美妙的享受过程，是进入灵性的境界，把饮茶的愉悦和美感推向极致。

第三部分是卢仝以悲悯之心对采茶人寄予深切的同情，表露出关爱茶农的一片赤子之心。卢仝除了着重强调品茶的审美功能和愉悦外，更把品茶的境界放眼到饮水不忘挖井人的感恩与同情，放眼到天下百万茶农的艰辛劳作。天子杯中茶，片片茶农汗。这一部分是全诗的思想升华。

卢仝的这首诗优美空灵，直抒胸臆，尽情抒发了对茶的热爱与赞美。苏轼说"何须魏帝一丸药，且尽卢仝七碗茶"，可见他对卢仝茶诗之仰慕与推崇。卢仝以茶诗闻名天下，这首《七碗茶歌》奠定了其在茶坛中的地位，其被誉为茶仙、茶痴，与茶圣陆羽齐名。

宋代的苏轼不仅是一个大文豪，是酒仙，也是茶仙。他将佳茗比成佳人，写了《记梦回文二首》。叙说梦中有人以雪水烹小龙团请他吃，有美人歌以助兴：

酡颜玉碗捧纤纤，
乱点余花唾碧衫。
歌咽水云凝静院，
梦惊松雪落空岩。

空花落尽酒倾缸，
日上山融雪涨江。

红焙浅瓯新火活，

龙团小碾斗晴窗。

　　这两首回文诗顺读、倒读都能读通，体裁别致，意味深长，意境高妙，令人回味无穷。擅长写词的苏轼自然也要咏茶，他在《望江南·超然台作》中写道："春未老，风细柳斜斜。试上超然台上看，半壕春水一城花。烟雨暗千家。　　寒食后，酒醒却咨嗟。休对故人思故国，且将新火试新茶。诗酒趁年华。"在这里，诗、酒、茶的享受才是最要紧的，别辜负美好的年华。而《西江月·茶词》则是他对品茶过程的生动描绘："龙焙今年绝品，谷帘自古珍泉。雪芽双井散神仙。苗裔来从北苑。　　汤发云腴酽白，盏浮花乳轻圆。人间谁敢更争妍。斗取红窗粉面。"词中提到了以谷帘珍泉煎烹龙焙绝品，是人间茶品之极致。

（二）茶赋

　　赋是文学的一种体裁，列入骈文一类，发端于《诗经》，流变于《楚辞》，兴盛于汉代，所以有唐诗、宋词、汉赋之说。在文学作品中写茶的赋不多，写得好的就更少了。

茶赋较有代表性的是晋代杜育的《荈赋》，唐代顾况的《茶赋》，宋代黄庭坚的《煎茶赋》，而唐代顾况的《茶赋》较好，故在这里仅介绍他的《茶赋》。

顾况，别号华阳山人，晚字逋翁，苏州苏盐人。至德二年（757），顾况进士及第。作为中唐时期的才子，他与茶相知相交，此《茶赋》较之于杜育的《荈赋》，不仅有异曲同工之妙，亦是一篇神来之笔的佳作。《茶赋》让人有一种身临其境般地享受盛唐茶事的雅致与华美。

稽天地之不平兮，兰何为兮早秀，菊何为兮迟荣。皇天既孕此灵物兮，厚地复糅之而萌。惜下国之偏多，嗟上林之不生。至如罗玳筵，展瑶席，凝藻思，开灵液，赐名臣，留上客，谷莺啭，宫女嚬，泛浓华，漱芳津，出恒品，先众珍。君门九重，圣寿万春。此茶上达于天子也。滋饭蔬之精素，攻肉食之膻腻。发当暑之清吟，涤通宵之昏寐。杏树桃花之深洞，竹林草堂之古寺。乘槎海上来，飞锡云中至。此茶下被于幽人也。《雅》曰："不知我者，谓我何求？"可怜翠涧阴，中有碧泉流。舒铁如金之鼎，越泥似玉之瓯。轻烟细沫霭然浮，爽气淡烟风雨秋。梦里还钱，怀中赠橘。虽神妙而焉求。

这首赋开篇赞叹茶是大自然造化孕育的"灵物"，阐述了茶的功用，上达于天子，下被于幽人。天地之大，尚有诸多不平事，譬如为何兰花早吐芳而菊花却迟迟不绽放呢？上天造化，孕育出茶这样一种极具灵性的植物，和其他植物一样生长在沃土而萌芽。文章先假借天地不公平实则在赞叹自然界赐给人类这等灵物的同时，也告诉人们自然界的季节性是何等分明。接着，文章以令人惋惜的口吻感叹南国许多地方有茶树生长，而天子脚下的北国却不见茶树生长。此处的"下国"与"上林"可有多种解读：平民之地与权贵之地，北方与南方，北国与南国，等等。然后作者用略带羡慕的口气描绘着茶的"造化钟神秀"，却又生长在"下国"。

作者以大段的骈文和对比的方法分别铺陈出茶恩

泽四方的魅力：如玳筵瑶席，伴灵液美酒，与名臣上客，贺君门圣寿，这是茶"上达于天子"的隆重展示。滋精素，攻膻腻，发夏日之清吟，涤昏寐，于杏花丛中、桃花洞里、竹林草堂古寺中，这是茶"被于幽人"的深情演绎。结尾表达了清静淡泊的情怀，引用《诗经·王风·黍离》中的"不知我者，谓我何求?"之句来表达知音难觅。理解"我"的人，说"我"是心中忧怨；不能理解"我"的人，问"我"寻求什么，这表现了一个思想者的孤独和对人类前途、命运的无限忧思。

文章最后用正话反说的方式来表明隐逸山林、宁静淡泊才是自己的追求，于山野之间即可观涧边幽草、飞泉直泻，有茶炉与越瓯伴随左右，看茶烟袅袅，观细沫漂漂，闻清香阵阵，听山风习习。在"爽气淡云风雨秋"境界里，何须常怀"梦里还钱、怀中赠橘"之叹呢?茶有如此神妙之处，人生还有何求呢?

宋代的茶赋数量最多。篇幅也较长。宋初吴淑的《茶赋》，辞乐典丽，对仗工整，盛赞茶功奇效："夫其涤烦疗渴，换骨轻身，茶荈之利，其功若神，则有渠江薄片，西山白露，云垂绿脚，香浮碧乳，挹此霜华，却兹烦暑。"这篇赋铺陈排比，极尽繁华，也是一篇不错的茶赋。

（三）茶联

茶联也是茶艺中的一种艺术形式，内容丰富，形态各异，丰富多彩，寓意深长。"茶馆"和"茶亭"如无"茶联"，则无品位。茶联大致有如下的表现形式：

一是以茶诗入联。茶联有许多由诗歌移植而来，如"芳茶冠六清，溢味播九区"，就是来自张载（张孟阳）的诗作《登成都楼诗》。西湖茶亭的一副对联则从苏轼的两首名诗中各抽一句拼成：

欲把西湖比西子，

从来佳茗似佳人。

二是以名人入联。如：

花间渴想相如露，

竹不闲参陆羽经。

这一对联把汉代名士司马相如与卓文君开设"临邛酒肆"的典故，与陆羽著经评茶的史实巧妙地融入对联中，文字虽短，内涵极深。

三是以茶名入联。如：

清泉烹雀舌，

活水煮龙团。

雀舌和龙团均为茶名。又如"入山无处不飞翠，碧螺春香万里醉"，直接把茶名嵌进去，让人们感受到茶绿花红、馨香扑鼻的自然意境和名茶的品位意韵。

四是寓情于景，寄情于茶。如"一杯小世界，品尝人世情"，"美酒千杯难成知己，清茶一盏也能醉人"。

五是运用谐音、回文等修辞手法。有的茶联将友情、意境与人名、茶馆名巧妙地组合在一起，意味无穷。如"一盏清茶，解解解解元之渴；五言施对，施施施主之财"。"解元"是古代称乡试第一名的人。"施主"指向寺院施舍财物的信徒。对联的意思是：一盏清茶，解解（动词叠用）解（姓）解元（人物身份）之渴；五言施对，施施（动词叠用）施（姓）施主（人物身份）之财。又如："客上天然居，居然天上客"，这是回文对联。"天然居"是古代京城一处饮茶吃饭的饭店，对联据说与乾隆皇帝有关。

六是运用拆字，极尽汉字之妙的拆字联。湖北潜江竹仙寺茶楼有一副茶联：

"品泉茶三口白水，竹仙寺两个山人"，"品"是三口，"泉"是白水，故上联为"品泉茶三口白水"。"竹"是两个"个"，"仙"是山加单人旁，故下联为"竹仙寺两个山人"。下联不仅写出了茶楼的名称，而且讲明了寺的性质，读来妙趣横生。

七是蕴含哲理性的长联。如：

为名忙，为利忙，忙里偷闲，喝杯茶去；
劳心苦，劳力苦，苦中作乐，拿壶酒来。

广州三眼桥茶亭茶联：

处处通途，何去何从？求两餐分清邪正；
头头是道，谁宾谁主？吃一碗各自东西。

茶联中有一首最长的，有五十二字之多，诗意隽永、余味绵长：

上联：藕叶藕花围曲槛，想当年苏小，也向个中来，这绿水光中可余黛影。

下联：香风香雾泊重堤，问此日放翁，竟归何处去，那红露片里应有诗魂。

联中点到陆游终生嗜茶，曾留下咏茶名篇，这是茶联中不可多得的佳作。

（四）茶成语与俗语

有"茶"字的成语和俗语很多，这些成语和俗语生动地反映了生活中的各种场景和人们的心态。例如：

茶饭无心：表示没有心思喝茶吃饭，形容心情焦虑不安。

酒余茶后：指随意消遣的空闲时间。

茶饭不思：指发生了意外或重大的事情后使人分心而不思饮食，形容心事重重。

残茶剩饭：形容残留下的一点儿茶水，剩下来的一点儿食物。

茶余饭后：泛指休息或空闲的时候。

粗茶淡饭：粗是粗糙、简单，淡饭指饭菜简单，形容饮食简单，生活俭朴。

三茶六饭：比喻招待客人非常周到。

家常茶饭：指家庭中的日常饮食，多用以比喻极为平常的事情。

浪酒闲茶：指风月场中的吃喝之事。

榷酒征茶：指征收酒茶税，亦泛指苛捐杂税。

三茶六礼：指明媒正娶，我国旧时习俗，娶妻多用茶为聘礼，所以女子受聘称为受茶，六礼即婚姻据以成立的纳采、问名、纳吉、纳征、请期、亲迎六种仪式。

"茶"的艺术形式还有歌舞、茶谜、茶谚、书法、绘画等，这些艺术形式体现了人们对"茶"的热爱，同时也观照了品茶人的智慧人生，"茶"的世界能带给人们美好的享受，"茶"是一种媒介，传承了博大精深的文化。

（五）斗茶会

斗茶会是一种民俗活动，也是一种娱乐活动，具有娱乐性和趣味性。斗茶是民间赛事，宋徽宗赵佶痴迷于茶艺，挖空心思地弄出花样来品茶、论茶，甚至是斗茶。他在《大观茶论》序中说："天下之士，励志清白，竞为闲暇修索之玩，莫不碎玉锵金，啜英咀华，较箧笥之精，争鉴裁之别。"在大规模的斗茶比赛中，最终胜出的茶，就称为皇茶了。宋代在宋徽宗的倡导下，斗茶之风日益盛行，产茶和制茶的工艺也得到极大的提高，可见，斗茶会功不可没。今天许多产茶区很少举办这类活动，从传播、推广的角度看，斗茶会不失为一种好的形式，可以传承推广。当然，可以根据时代的不同，融入新的内容和新的艺术形式，把艺术表演、茶品比拼、茶道展示融为一体，成为推广中国茶道的一种好形式。

北宋文学家范仲淹的《和章岷从事斗茶歌》（简称《斗茶歌》）是一篇全面介绍斗茶的代表性作品，堪称宋代茶诗的奇制。原文如下：

现代斗茶会

年年春自东南来，建溪先暖冰微开。
溪边奇茗冠天下，武夷仙人从古栽。
新雷昨夜发何处，家家嬉笑穿云去。
露芽错落一番荣，缀玉含珠散嘉树。
终朝采掇未盈襜，唯求精粹不敢贪。
研膏焙乳有雅制，方中圭分圆中蟾。
北苑将期献天子，林下雄豪先斗美。

鼎磨云外首山铜，瓶携江上中泠水。

黄金碾畔绿尘飞，碧玉瓯中翠涛起。

斗茶味兮轻醍醐，斗茶香兮薄兰芷。

其间品第胡能欺，十目视而十手指。

胜若登仙不可攀，输同降将无穷耻。

吁嗟天产石上英，论功不愧阶前蓂。

众人之浊我可清，千日之醉我可醒。

屈原试与招魂魄，刘伶却得闻雷霆。

卢仝敢不歌，陆羽须作经。

森然万象中，焉知无茶星。

商山丈人休茹芝，首阳先生休采薇。

长安酒价减千万，成都药市无光辉。

不如仙山一啜好，泠然便欲乘风飞。

君莫羡花间女郎只斗草，赢得珠玑满斗归。

全诗共六韵二十一联，一气呵成，首尾呼应，读来畅快淋漓。前七联两联一转韵，从福建建溪茶产地、种植、采摘、制作，到北苑民间斗茶，一路写来，如春日行山阴道中，自是风光无限。茶歌中的建溪茶即北苑贡茶，茶歌开篇即说建溪茶得来不易，是

"武夷仙人"移栽过来的，因此称作"奇茗"。

"北苑贡茶"产于今天的福建省南平建瓯市东峰镇一带。五代十国时期，闽国建州人张廷晖将凤凰山方圆三十里的茶山献给闽王，闽王将其设为御茶园，因地处闽国北部，故称"北苑"。此后，北苑成为历代皇家御茶园，所产茶叶作为贡品进献朝廷。宋代设福建路转运使，负责贡焙之事。丁谓、蔡襄、宋子安、贾青、郑可简等先后在漕闽专修贡焙，制作龙凤团茶上贡，北苑贡茶从此成为茶中绝品，有大小龙团、密云龙、龙园胜雪等几十种名茶。

"研膏焙乳有雅制，方中圭兮圆中蟾"，这两句描写北苑贡茶制作情况。宋代制作团茶尤其讲究，茶叶经过蒸青之后，要经入榨、研磨、过黄等程序，去除茶叶草青气和茶膏，唯留馨香甘淡。因而唐宋时期茶叶以甘香为主，被誉为"甘露"。

"方中圭兮圆中蟾"是说方形的茶饼如玉圭，圆形的茶饼如月蟾，都是用来形容茶饼形状的。

"鼎磨云外首山铜，瓶携江上中泠水。黄金碾畔绿尘飞，碧玉瓯中翠涛起。"两联四句，具体描写斗茶过程。宋代斗茶煎水用瓶，取火用炉，鼎是炉的雅称。"瓶携江上中泠水",是用来形容水的珍贵。"黄金碾畔绿尘飞,碧玉瓯中翠涛起",具体描写点茶景象。斗茶又称茗战、点试、斗试、斗碾等,和点茶技法接近。通过对茶汤香气、滋味以及是否"咬盏"的较量来斗出高下。斗茶除了相较水痕之外,最重要的是比试茶香茶味。《大观茶论》论茶香味道:"夫茶,以味为上,香甘重滑,为味之全。""茶有真香,非龙麝可拟。"宋代斗茶首重香味,以香气清幽、滋味甘滑为尚,然后再看汤花"咬盏"的情况,以定输赢。

今天,有些茶产区为了推介本地的茶品牌,也举办了"茶会",但大都是产品的推介会,并未融入思想内涵和艺术形式。真正的茶会应是茶品的比赛、茶艺的表演,诗、书、画、乐的表演,使茶会成为一种艺术的盛会,同时,融入地方特色文化,把茶文化与地方习俗文化结合起来,逐步形成特定的内容、形态,而成为一个"非遗"的项目。

三、茶的境界:审美

茶之为美,在绿色生命之饮,美意延年之寿,优美茶艺之精；在茶韵之流香，器韵之清雅，君子之美德，人生之甘苦；在仁爱之笃诚，河岳之英灵，社稷之和谐，故国之安宁。"茶艺"以"美"为最高境界，人们冲泡茶叶，芬香四溢，入口香醇，体现了味觉和嗅觉的美。茶艺中所讲究的端庄典雅，环境的静谧雅致，是视觉的美。茶艺中仪式规范、言谈举止、从容有度、仪态万方、

紫砂壶

温馨和谐，这不光体现了外在的形式美，也体现了内在的心灵美和境界美。所以茶艺就是以茶为美，充分展示茶的自然美和人性美的规范和程序。

美产生于懂得欣赏的眼光里。茶，美在爱茶人的

眼中，也美在爱茶人的心中。茶是活物，吸收了水的灵气，吸收了原产地美景的灵气，吸收了天地云雾的精华，吸收了日夜星辰的精气。茶之美是在水中缓缓绽放的美。

茶本身的色、香、味、形，从视觉、嗅觉、味觉、触觉上，再升华为心觉，给人们以感官和精神的享受。在茶艺中，这个审美境界表现为如下几种"美"：

一是人之美。人是万物之灵，是自然美的最高形态，也是社会美的核心。在茶艺的诸要素中，茶由人制，境由人造，水由人鉴，茶具器皿由人选择组合，茶艺程式由人编排演示，人是茶艺最根本的要素，也是最美的要素。为此，作为专门的茶艺师必须讲求仪表美、形体美、服饰美、风度美、神韵美、语言美。

二是器之美。一只雕花的天青茶杯，一把古朴雅致的紫砂壶，看似不经意间的相遇，却是不可分割的组合。茶器美在素雅、安静、广润、细腻，美在简单、真实、素净、温润。人生中一件快乐的事情就是，在某一天，同时遇见好茶、好器、好水和好茶友，共聚一室，细细品味每一道茶，既品味茶之清香甘涩，又领略茶器的精美，感悟生活之美好。

三是境之美。唐代诗人王昌龄在《诗格》中说:
"神之于心,处身于境,视境于心,莹然掌中,然后
用思,了然境象。故得形似。"其后,中国诗学一贯
主张一切景语皆情语。融情于景,寓景于情,情景交
融,出雅安适。中国茶艺要求在品茶时做到环境、艺
境、人境、心境俱美。环境的美要清、静、幽、净。

温馨茶室

唐代"大历十才子"之一的钱起，写了一首《与赵莒茶宴》诗："竹下忘言对紫茶，全胜羽客醉流霞。尘心洗尽兴难尽，一树蝉声片影斜。"诗歌描写了茶宴的环境，幽篁丛中，绿荫之下，香茗洗净凡心，荡涤尘埃，与宴之人兴难尽，一直喝到夕阳晚照，蝉鸣声声，妙趣横生。饮茶无非是环境、人际、茶水三个方面的高度融合，人与环境要"天人合一"，人与人之间要志趣相投，彼此默契。

饮茶要求茶室窗明几净、简朴自然、格调高雅、气氛温馨，给人以亲切感和舒适感。

艺境之美要以"六艺助茶"。六艺助茶指琴、棋、书、画、诗和金石古玩的点缀和鉴赏。今天，茶艺主要与音乐结合，通常在品茶中欣赏音乐的演奏。高级的茶道表演，通常把茶道、乐道、香道糅合在一起。

人境之美是指品茶时的人文环境。饮茶的人要志趣相投，善于品茶。明代张源在《茶录》中写道："饮茶以客少为贵，客众则喧，喧则雅趣乏矣。独啜曰神，二客曰胜，三四曰趣，五六曰泛，七八曰施。"的确，品茶的人数要适度。陆羽在《茶经·六之饮》

中也说："夫珍鲜馥烈者，其碗数三。次之者，碗数五。若座客数至五，行三碗；至七，行五碗；若六人以下，不约碗数，但阙一人而已，其隽永补所阙人。"这段话的意思是说：珍贵新鲜芳香浓烈的茶一炉只煮三碗，其次是一炉煮五碗。假若座上客人达到五人，就舀出三碗分饮；座客达到七人，就舀出五碗分饮；假若六人以下（实际指六个人），就不必估量碗数，只要按缺一个人计算，用"隽永"来补充所少算的一份。可见，品茶的人数决不能过多。

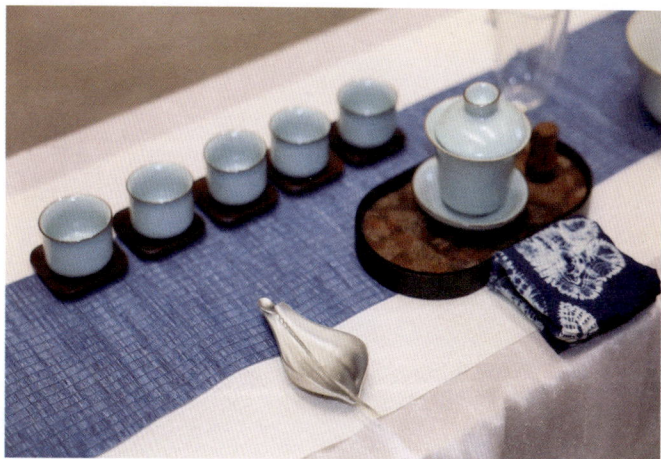

现代斗茶会

俗话说："茶三酒四游玩二。"潮汕地区的工夫茶，讲究"一盅三杯"，他们认为饮茶以三人共饮为佳。明人许次纾在《茶疏》中说："惟素心同调，彼此畅适，清言雄辩，脱略形骸，始可呼童篝火，酌水点汤。量客多少，为役之烦简。三人以下，止爇（ruò）一炉；如五六人，便当两鼎。"一同饮茶的人，必须志趣相投且人不能过于庞杂。之所以用三杯茶是为了保证茶汤的浓度。三杯茶还要排成一个"品"字的形状，寓意品茶的含义。

心境之美是指品茶中的和、敬、融三境。因此，品茶时要力求做到闲适、清净、舒畅，在品茶中感悟人生，一苦、二甘、三淡。第一道苦若生命，第二道甘似爱情，第三道淡似微风。在品茶中品人生，在品茶中修心养性。

（明）唐寅《品茶图》

结　语

　　中国茶道养生、怡情、审美、修心，是一门生活技巧、一门艺术、一门美学，也是一种修行。中国茶道以中国的传统文化为根脉，建立在"天地人和""道法自然""物我为一"的哲学思维上。中国茶道体现了中国人的普遍人性，中国茶道，也即人道。种茶、采茶、制茶、品茶的人应当是真实诚实、正直善良的人，也是与人为善、能与人和谐共处的人。

　　中国茶道是自然之道，讲究的是一个"真"字。茶是大自然给人类的恩赐，凝结着天地灵气，要求真茶、真香、真味，也要求对人真心、真情、真诚。对于"茶"之"真"，要求的是：清，即自然灵秀，形色俱清；香，即清出如兰，沁人心脾；甘，即其甘如荠，苦尽甘来；淡，即淡而有味，君子之交。而与之相对应的人之"真"，要求的是：清，即神清气爽，清正廉明；雅，即谦恭儒雅，君子风范；简，即豁朗简约，不逾俗礼；淡，即随遇而安，甘于淡泊。

中国茶道是生命之道，讲究的是一个"健"字。中国历来有"药食同源"之说，茶对于一个人的养生、保健起着重要的作用。茶，可以去脂消食，提神醒脑。茶含有人体所需的茶多酚、氨基酸、蛋白质、糖类、咖啡碱等成分，能增补人体需要的微量元素，增强机体的免疫力，是促进健康、养生保健的最佳饮品。

中国茶道是修心之道，讲究的是一个"和"字。人们在品茶的过程中贯穿着一个核心精神，这就是"和"，也就是"和谐、平和"，是洗尽尘心的重要条件。在品茶的过程中，讲求以"和"求阴阳相协调，五行相生相克，以"和"助天地宇宙人合一，以真情融入自然造化之中，在茶香、茶色、茶味中品味、顿悟、修炼"和、敬、清、静"的品性。

中国茶道也是艺术之道，讲究的是一个"雅"字。随着人们的生活水平提高，喝茶不再是简单冲泡饮用，而是一种沉浸式的享受。人们开始注重茶叶的品质、茶具的材质和工艺，将其视为艺术生活，反映了人们对生活品质的追求。品茶时以审美为宗旨，讲究自然之美、清静之美、典雅之美、意境之美、淡泊之美。茶艺求法求技，冲焖泡品赏，都有精致的程序。茶道主理，茶艺得道；茶艺主技，载茶道而成艺；茶道、茶艺二者相辅相成，相得益彰。人们在品茶的过程中表现美、欣赏美、创造美，寻求高尚的艺术享受。品茶不仅是品评茶味，更多的是品水、品器、品人、品境。倘有好茶叶，又能有玉泉冲泡，饮有雅趣，谈有知己，境可怡情，这才算是品味。

总之，中国茶道是"真、善、美"的融合与统一，是一种健康科学文明的生活方式，是修身养性的途径，是文化艺术创作的精灵，也是人文精神的升华，让我们从陆羽的《茶经》中吸收精神营养，传承和光大中国茶道！

参考文献

［1］（唐）陆羽著，杜斌评注：《茶经》，北京：中华书局 2019 年版。

［2］张顺义：《中华茶道》，北京：线装书局 2016 年版。

［3］李丹：《茶文化》，呼和浩特：内蒙古人民出版社 2005 年版。

［4］罗军：《图说中国茶典》，北京：中国纺织出版社 2012 年版。

［5］郝连奇：《茶叶密码》（第二版），武汉：华中科技大学出版社 2023 年版。

［6］（清）曹雪芹、高鹗：《红楼梦》，北京：人民文学出版社 1996 年版。